《短视频设计与制作》
编委会

总主编 屈善孝　项建华
主　编 孙海曼　史金凤
副主编 历　丽　齐　振　孙　伟
参　编 杨春艳　李　丽　王海营
　　　　　黄涵博　苏　永　朱　宁
　　　　　贾　宁　席　倩　王向军
　　　　　沈中禹　段秋月　孟　婕
　　　　　张博娜　陈雪莲　张伟朝
　　　　　孙守双　崔睿宇晗
　　　　　（排名不分先后）

中高职文化传媒类一体化教材

本系列教材由全国广电与网络视听行业产教融合共同体和
国家文化大数据行业产教融合共同体组织编写

短视频设计与制作

总主编　屈善孝　项建华
主　编　孙海曼　史金凤

中国传媒大学出版社
·北京·

图书在版编目（CIP）数据

短视频设计与制作 / 孙海曼，史金凤主编 . -- 北京：中国传媒大学出版社，2025.6.

ISBN 978-7-5657-3853-1

Ⅰ . TN948.4

中国国家版本馆 CIP 数据核字第 2025G91C41 号

短视频设计与制作
DUANSHIPIN SHEJI YU ZHIZUO

总 主 编	屈善孝　项建华
主　　编	孙海曼　史金凤
责任编辑	张　静　李　婷　张　笛
责任印制	秦　英
封面设计	运平设计
出版发行	中国传媒大学出版社
社　　址	北京市朝阳区定福庄东街 1 号　　邮　编　100024
电　　话	86-10-65450528　65450532　　传　真　65779405
网　　址	http://cucp.cuc.edu.cn
经　　销	全国新华书店
印　　刷	北京中科印刷有限公司
开　　本	787mm×1092mm　1/16
印　　张	13.5
字　　数	271 千字
版　　次	2025 年 6 月第 1 版
印　　次	2025 年 6 月第 1 次印刷
书　　号	ISBN 978-7-5657-3853-1　　　　　定　价　69.80 元

本社法律顾问：北京嘉润律师事务所　郭建平

前言
FOREWORD

本书分为基础篇、实战篇和综合实训三个模块，循序渐进地介绍了短视频制作和运营的各个环节，并结合案例分析，帮助读者将理论知识应用于实践，是一本能够使读者掌握短视频制作与运营技能的实用指南。

模块一是基础篇，主要使读者认识短视频，了解其概念、特点、发展历史、变现方法、不同类型的短视频和热门平台，并详细讲解了短视频运营的基本流程、传播推广渠道，以及评论维护、热点助力和数据分析的方法。此外，本书还指导读者如何搭建短视频工作团队，并进行团队优化，提高产出效益。

模块二是实战篇，通过四个项目深入探讨了不同类型短视频的制作方法。读者将学习如何制作 IP 切片短视频、书籍实物拍摄短视频、旅行 Vlog（视频日志）短视频和情景类短视频。每个项目都包含策划、拍摄、剪辑和运营的详细步骤，利用不同的剪辑软件或 App、不同的 AI 工具、不同的数据分析平台，旨在让读者了解更多的短视频制作工具和平台，使读者在制作和运营短视频时有更多的选择，学会触类旁通、举一反三。

模块三是综合实训，主要通过三个综合案例，融入中等专业学校技能大赛《短视频制作》赛项规程，让读者将所学知识融会贯通。读者将学习如何利用各种软件工具，如剪映、Adode Premiere Pro（视频编辑软件）、Adode After Effect（视频处理软件）等，掌握剪辑技巧、字幕、转场、包装以及配乐的综合使用，并使读者学会优化短片节奏与视觉，增强艺术表现与创新，运用特效提升视觉冲击力，精准传达信息。

本书注重理论与实践相结合，通过丰富的案例和实操练习，帮助读者快速掌握短视频制作和运营的技能，并将其应用于实际工作中，成为一名优秀的短视频创作者和运营者。

编者

2024 年 12 月

目 录
CONTENTS

模块一 基础篇

项目一　认识短视频 …………………………… 003
　　任务一　了解短视频 ……………………… 006
　　任务二　认识短视频类型和平台 ………… 008
　　任务三　短视频的运营 …………………… 010

项目二　短视频制作流程 ……………………… 018
　　任务一　短视频工作团队搭建 …………… 020
　　任务二　策划短视频 ……………………… 022
　　任务三　拍摄短视频 ……………………… 026
　　任务四　剪辑短视频 ……………………… 036
　　任务五　运营短视频 ……………………… 043

模块二 实战篇

项目一　制作 IP 切片短视频 ………………… 053
　　任务一　了解 IP 切片短视频 …………… 056
　　任务二　策划 IP 切片短视频 …………… 059
　　任务三　搜集 IP 切片短视频素材 ……… 063
　　任务四　使用快影 App 剪辑短视频 …… 065
　　任务五　数据复盘与优化 ………………… 071

项目二　制作书籍实物拍摄短视频 …………… 080
　　任务一　借鉴优质账号　明确定位 ……… 083
　　任务二　策划书籍实物拍摄短视频 ……… 085

任务三　拍摄短视频素材 …………………… 088
　　　任务四　使用剪映电脑版剪辑短视频 ………… 089
　　　任务五　数据复盘与优化 …………………… 095

项目三　制作旅行 Vlog 短视频 ……………… 102
　　　任务一　借鉴优质账号　明确定位 ………… 105
　　　任务二　策划旅行 Vlog 短视频 …………… 108
　　　任务三　获取优质的短视频素材 …………… 112
　　　任务四　使用"爱拍剪辑"电脑版剪辑短视频 … 115
　　　任务五　数据复盘与优化 …………………… 120

项目四　制作情景类短视频 …………………… 130
　　　任务一　借鉴优质账号　明确定位 ………… 133
　　　任务二　策划情景类短视频 ………………… 134
　　　任务三　拍摄情景类短视频 ………………… 140
　　　任务四　使用 Adobe Premiere Pro 剪辑短
　　　　　　　视频 ……………………………… 142
　　　任务五　数据复盘与优化 …………………… 150

项目　中职技能大赛短视频制作技巧 ………… 161
　　　任务一　音乐卡点技巧——卡点艺术：
　　　　　　　《梦想起点》 ……………………… 164
　　　任务二　字幕设计技巧——字幕映衬下的
　　　　　　　爱国情怀：《中国红》 …………… 169
　　　任务三　剪辑艺术技巧——学子飞扬：
　　　　　　　《我的榜样在身边》 ……………… 175

模块三

综合实训

模块一 基础篇

● 模块综述

短视频是指在各种新媒体平台上播放的、适合在移动状态和短时休闲状态下观看的、高频推送的视频内容，时长从几秒到几分钟不等，内容融合了技能分享、幽默搞怪、时尚潮流、社会热点、街头采访、公益教育、广告创意、商业定制等主题。短视频由于内容较短，既可以单独成片，也可以成为系列栏目。短视频的创作和运营已经成为一个独立的领域，涉及文案策划、拍摄、剪辑等多个环节。短视频的快速传播和高度社会化的属性，使其成了一种重要的信息传播和社交工具。

模块一为基础模块，包括项目一认识短视频和项目二短视频制作流程。通过对模块一的学习，学生可以了解短视频的相关知识，从搭建个人账号出发，体验短视频制作的整个流程，为后期制作短视频打好基础、做好铺垫。

表 1-0-1 学时分配表

序列	项目	任务	学时分配
1	项目一： 认识短视频	任务一：了解短视频 任务二：认识短视频类型和平台 任务三：短视频的运营	4
2	项目二： 短视频制作流程	任务一：短视频工作团队搭建 任务二：策划短视频 任务三：拍摄短视频 任务四：剪辑短视频 任务五：运营短视频	6

● 岗课赛证要求

表 1-0-2　岗课赛证要求

职业岗位要求	专业学习要求	技能竞赛要求	职业技能等级证书
具备创意策划、视频编辑、素材管理等方面的能力； 具备编辑策划书、制作短视频及后期反思和改进的能力	具有新闻传播、数字媒体艺术、视觉传达等专业背景；掌握短视频策划、制作、运营等相关知识和技能	策划书编制、短视频制作和反思；注重技术和艺术的结合	新媒体策划师 全媒体运营师 网络营销师

● 知识、能力图谱

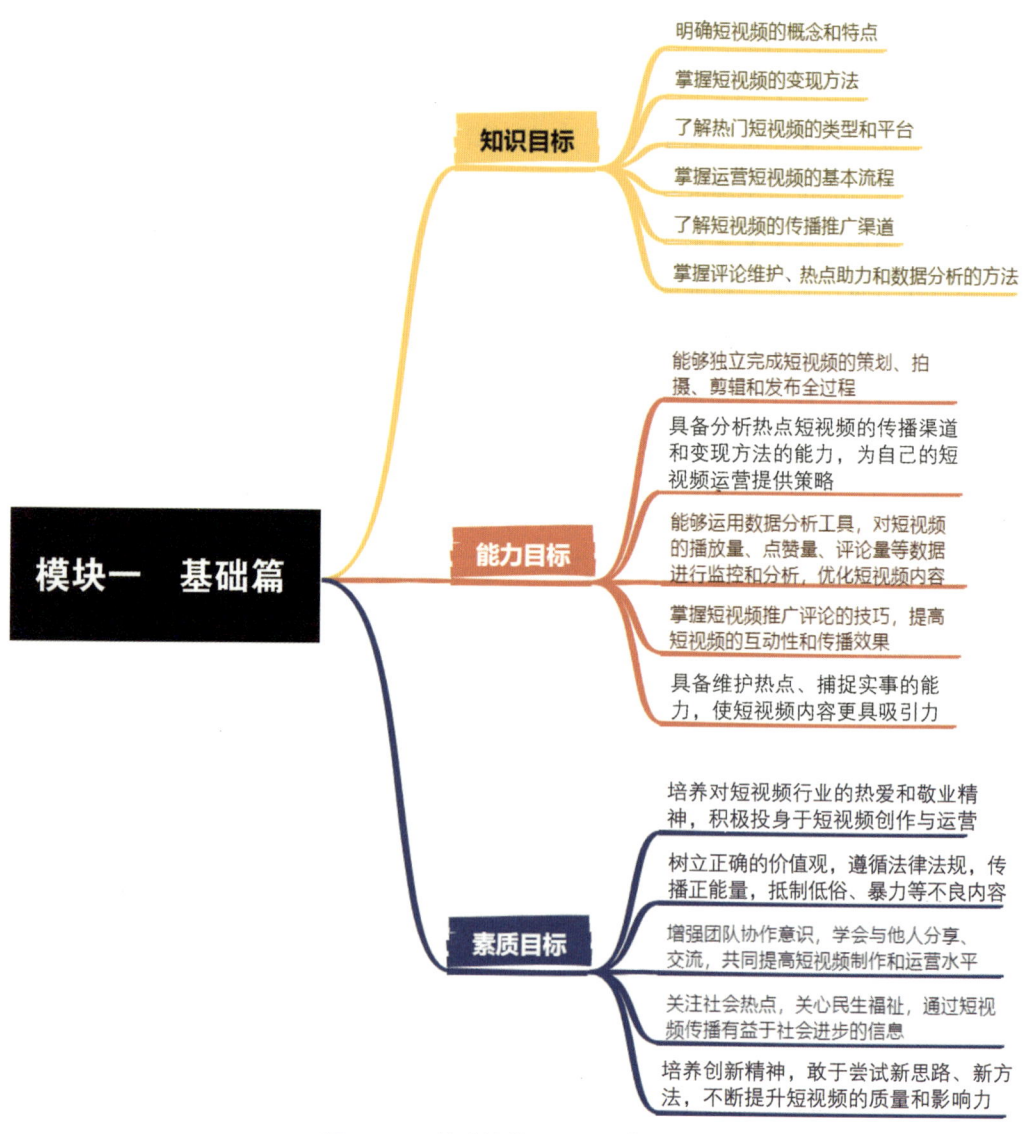

图 1-0-1　基础篇的知识、能力图谱

项目一　认识短视频

（4课时）

设计主题

认识短视频，依托抖音平台制作个人账号的短视频

视频达人

张晓雨当过电视台的新闻记者、编导、主持人，给某卫视做过艺人宣传、品牌营销，在校园MCN（一种网红经纪运作模式）公司孵化过千万粉丝级别的网红。如今，她是一名全媒体运营师，利用各种媒介技术和渠道重新包装企业，帮助企业以全新的形象登上抖音、快手、小红书、视频号等社交媒体平台，为企业输送或孵化全媒体运营人才，助力传统企业实现触"网"蝶变。

三维目标

知识目标

➢ 能够掌握短视频的概念及特点。
➢ 能够了解短视频的发展历史和未来发展趋势。
➢ 能够列举短视频传播和推广的渠道。

能力目标

➢ 能够归纳热门短视频的类型。
➢ 能够判断不同短视频平台的优势。
➢ 能够概述运营短视频的基本流程。
➢ 能够概括评论维护、热点助力和数据分析的方法。

素质目标

➢ 培养敏锐的市场洞察力和创新意识，紧跟短视频行业的发展趋势。
➢ 提升团队协作能力，善于与团队成员沟通、协作，共同完成短视频项目。
➢ 增强抗压能力，面对短视频运营中的困难和挑战，保持积极心态，不断寻求解决方案。
➢ 养成良好的职业道德，遵循行业规范，诚信经营，为用户提供优质的短视频内容。
➢ 遵守短视频平台规则，不发布损害国家和人民利益、影响社会和谐的短视频。

➢ 项目任务书

项目名称：抖音短视频账号搭建

1. 项目背景

抖音作为当前最热门的短视频平台，拥有庞大的用户群体和丰富的内容生态，本项目旨在搭建一个个人专属的抖音短视频账号，方便后续制作、发布短视频。

2. 项目目标

（1）创建一个具有个性和专业性的抖音账号。
（2）熟悉抖音平台运营规则，为后续内容创作和推广打下基础。
（3）完成账号基本设置，确保账号正常运营。

3. 项目内容

（1）账号注册：完成抖音账号的注册流程。
（2）账号定位：明确账号的主题和风格，确定目标受众。
（3）账号设置：设置头像、用户名、简介等基本信息。
（4）账号装修：设计账号的主页布局，提升视觉效果。
（5）运营规则学习：了解并熟悉抖音平台的内容政策和运营规则。

4. 项目时间表

（1）账号注册：0.5 课时

（2）账号定位与设置：1.5 课时
（3）账号装修：1 课时
（4）运营规则学习：1 课时

5. 项目团队

（1）项目负责人：负责整体策划和协调。
（2）内容策划：负责账号定位和内容方向规划。
（3）设计师：负责账号头像和主页设计。
（4）运营专员：负责账号日常运营和规则学习。

6. 项目预算

（1）账号注册：免费。
（2）设计费用：内部团队自主设计，不需要额外费用。
（3）学习资料：利用网络获取免费学习资源。

7. 项目风险与应对措施

（1）账号注册问题：确保手机号码和邮箱等注册信息真实有效，避免账号被封。
（2）内容定位模糊：通过市场调研和竞品分析，明确账号定位。
（3）平台规则变化：定期关注平台动态，及时调整运营策略。

8. 项目评估

（1）账号注册成功：账号能够正常登录和使用。
（2）账号设置完整：头像、用户名、简介等信息均符合定位，主页视觉效果良好。
（3）运营规则掌握：对抖音平台的运营规则有深入了解，能够指导后续内容创作和账号管理。

> 任务实施

任务一　了解短视频

活动1：明确短视频的概念及特点

（1）短视频的概念

短视频是一种以移动端为主要传播平台，时长较短的视频形式。一般来说，短视频的时长在 15 秒到 5 分钟之间，由于其时间短、传播快、互动性强等特点，深受广大用户的喜爱。

在中国，短视频行业得到了快速发展，涌现出了一批受欢迎的短视频平台，如抖音、快手、小红书、B 站（哔哩哔哩）、西瓜视频、微视等，如图 1-1-1 所示。这些平台不仅为用户提供了丰富的娱乐内容，也为企业品牌宣传、电商销售提供了新的渠道。同时，国家对于短视频内容的监管也在不断加强，以促进短视频行业的健康发展，保障网络空间清朗。

图 1-1-1　热门短视频平台

（2）短视频的特点

短视频具有鲜明的特点，总结起来就是"短、快、多、低、强、推"，如图 1-1-2 所示。

①视频长度短：短视频的核心特点在于"短"，能够在短时间内传达信息，适应现代人快节奏的生活方式和碎片化的时间分配。

图 1-1-2　短视频的特点

②传播速度快：短视频依托移动互联网，可以迅速在不同平台上传播。用户可以轻松地通过社交媒体、即时通信工具分享短视频。

③内容多样化：短视频可以涵盖各个领域的内容，如生活日常、美食、旅游、音乐、搞笑等。用户可以根据自己的兴趣和需求，选择观看感兴趣的短视频内容。

④制作门槛低：随着智能手机和视频编辑软件的发展，内容创作的技术门槛降低了，用户可以轻松地拍摄和编辑短视频。

⑤互动性强：短视频平台通常具备点赞、评论、分享、转发等功能，用户可以与内容创作者或其他用户互动。用户的评论和点赞可以为创作者提供反馈与支持，提高创作者的积极性。

⑥算法推荐机制：大多数短视频平台采用算法推荐机制，根据用户的观看习惯和喜好推荐内容，以提升用户的观看体验。

活动2：了解短视频的发展历史

了解短视频的发展历史能够更好地洞察行业动态，借鉴行业经验，理解用户行为，跟上技术发展的新潮流，找到短视频的热点。短视频的发展历史大致可以分为以下四个阶段，如图1-1-3所示：

（1）起步阶段（2000年—2010年）：短视频平台初步形成，以个人用户上传分享为主，技术限制导致内容形式和传播范围有限，尚未形成完整的产业链和商业模式。

（2）快速发展阶段（2011年—2015年）：移动互联网的发展为短视频提供了良好的发展环境，中国本土短视频平台开始涌现，开始探索用户生成内容模式。社区氛围的形成，为短视频的社交属性打下了基础。

（3）成熟阶段（2016年至今）：抖音、快手等平台的崛起，标志着短视频行业进入成熟阶段；算法推荐成为主流，重在提升用户体验和平台活跃度；商业模式多样化，短视频成为重要的流量入口和变现渠道；短视频平台开始国际化，TikTok（短视频社交平台）等现象级的产品出现。

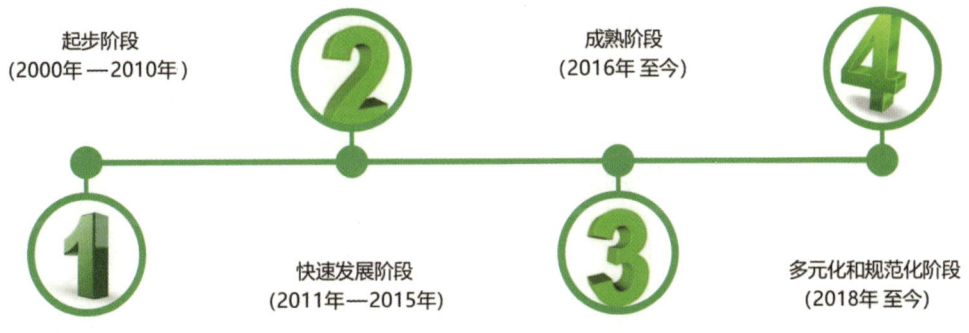

图1-1-3 短视频的发展历史

（4）多元化和规范化阶段（2018年至今）：内容类型多元化，覆盖更多垂直领域；政府监管加强，行业进入规范化发展；平台承担了更多的社会责任，推广正能量内容。

未来，短视频的发展将继续受到技术创新的推动，短视频平台需要平衡商业发展与社会责任，保护用户隐私，确保行业的健康和可持续发展。

活动3：了解短视频的变现方法

短视频变现的关键在于内容的质量和创作者的影响力，只有持续产出高质量的内容，并建立起一定的粉丝基础，才能更有效地实现变现。同时，创作者需要了解并遵守相关法律法规和平台规则，确保变现方式的合规性。短视频的变现方法多样，常见的变现途径如图1-1-4所示。

图1-1-4　短视频变现途径

任务二　认识短视频类型和平台

活动1：了解热门短视频的类型

热门短视频的类型多种多样，不同的平台和用户群体可能会有不同的偏好。以下是一些常见的热门短视频类型。

（1）幽默搞笑类：这类短视频以幽默搞笑的情节或对话为主，目的是逗乐观众，使观众放松心情。

（2）日常生活类：记录日常生活点滴，如旅行分享、日常生活技巧等。

（3）才艺展示类：展示个人才艺，如唱歌、跳舞、乐器演奏、魔术表演等。

（4）教育知识类：提供教育性内容，如语言学习、历史知识、科学普及、技能教学等。

（5）美妆时尚类：分享化妆技巧、服饰搭配、美容护肤等内容。

（6）健康健身类：提供健身教程、健康饮食、运动技巧等与健康相关的内容。

（7）美食制作类：教授各种美食的制作方法，包括家常菜、烘焙、特色小吃等。

（8）剧情短剧类：有完整故事情节的短剧，既可以是原创故事，也可以改编自其他作品。

除了以上几种类型，还有许多其他类型的短视频，如宠物类、科技数码类、旅游探险类、挑战视频类、亲子育儿类、财经知识类、游戏电竞类等。短视频的多样性和创意性使其能够满足不同用户的需求与兴趣。

这些类型的短视频之所以热门，是因为它们能够满足不同用户的需求和兴趣，同时能够快速吸引用户的注意力，并在短时间内传递有价值或有趣的信息。随着用户需求的变化和内容的创新，热门短视频的类型也会不断演变。

活动2：了解热门短视频的平台

2024年，中国短视频行业的主要平台包括抖音、快手、腾讯微视、西瓜视频、好看视频、梨视频、微信视频号和央视频等。这些平台可以分为三大类：综合类短视频、聚合类短视频和工具类短视频，如图1-1-5所示。

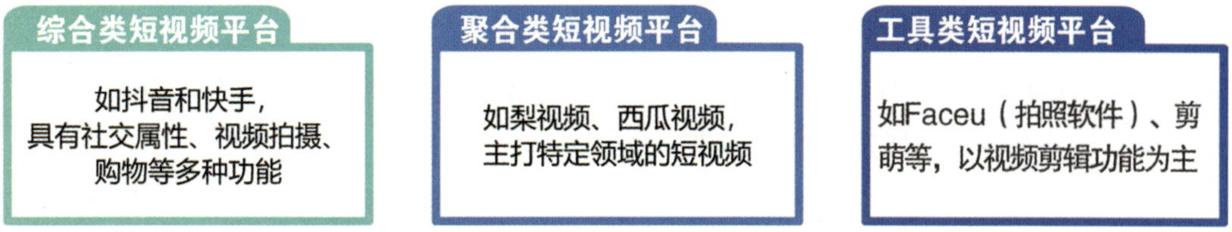

综合类短视频平台	聚合类短视频平台	工具类短视频平台
如抖音和快手，具有社交属性、视频拍摄、购物等多种功能	如梨视频、西瓜视频，主打特定领域的短视频	如Faceu（拍照软件）、剪萌等，以视频剪辑功能为主

图1-1-5 短视频平台分类

在市场竞争方面，抖音和快手稳居行业第一梯队；字节跳动旗下的西瓜视频、抖音火山版，百度旗下的好看视频，腾讯旗下的微视处于第二梯队；爱奇艺随刻、快手极速版、波波视频、美拍等短视频App处于第三梯队。整个行业的竞争格局呈现多元化，包括今日头条系、腾讯系、快手系、百度系、新浪系、阿里系、美图系、B站系、360系和网易系等多个竞争派系。

任务三 短视频的运营

活动1：了解短视频运营的基本流程

短视频运营主要考虑运营者的营销策划能力、媒体运营能力、创意营销能力和数据分析能力，具体流程如图1-1-6所示。

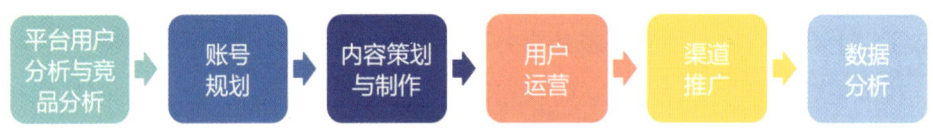

图1-1-6 短视频运营的基本流程

（1）平台用户分析与竞品分析：首先需要分析目标用户群体，了解他们的兴趣、需求和行为特点。同时，对竞争对手在平台上的表现进行分析，包括内容展现形式、作品数据等方面，以便找到自己的定位和优势。

（2）账号规划：确定账号的变现方式、目标受众、内容规划、创意呈现等。账号名称、简介和头像图片的设计很重要，需要简洁明了并具有吸引力。

（3）内容策划与制作：内容策划是核心环节，需要站在受众的角度进行内容规划，包括选题、脚本撰写、拍摄和剪辑等。内容需要具有吸引力，同时要贴合目标受众的兴趣。

（4）用户运营：与用户建立良好的交流关系，提高用户活跃度，包括回复评论、进行直播交流、举办抽奖活动等，使用户感受到真实性和互动性。

（5）渠道推广：根据不同渠道的特点进行内容推广，需要分析不同渠道用户的特点和需求，优化视频内容以适应这些需求。

（6）数据分析：对视频的播放量、评论量、点赞量等数据进行记录和分析，根据数据反馈优化视频内容和运营策略。

活动2：了解短视频的传播和推广渠道

短视频的传播和推广渠道有很多共通之处，但它们的目的和侧重点有所不同。总的来说，短视频的传播渠道更多依赖于内容的自然流动和用户的互动行为，而推广渠道侧重于通过一系列策略和工具来主动增加视频的曝光量与观看量，两者形成有机联动，共同提升短视频内容的渗透率与用户留存率，实现内容价值的最大化。

（1）短视频的传播渠道

短视频的传播渠道主要是指短视频内容被传递和分享给观众的途径。短视频作为一种新兴的媒体形式，其传播渠道是多样化的，主要包括以下几种：

①社交媒体平台：这是短视频传播的主要渠道之一。例如，抖音、快手等平台具有庞大的用户基础，能够实现内容的快速传播和广泛覆盖。这些平台通常采用算法推荐系统，根据用户的兴趣和互动来推送内容，从而增加视频的可见度和扩大传播范围。

②自媒体平台：许多个人和组织通过自媒体平台如微信公众号、微博等发布短视频。这些平台允许用户自行发布内容，并通过社交网络进行传播。

③视频分享网站：提供视频上传和分享功能的网站，如优酷、爱奇艺、腾讯视频等，允许用户将短视频内容分享给更广泛的受众。

④直播平台：一些直播平台也提供短视频功能，允许用户在直播过程中分享短视频片段，或录制短视频进行分享。

⑤垂直领域平台：针对特定领域如教育、美食、旅游等的短视频平台，聚集了具有特定兴趣的受众，有助于内容的精准传播。

⑥跨平台推广：通过在不同平台上发布同一视频内容，利用各平台的特性和用户基础，实现跨平台传播，扩大视频的影响力。

短视频的传播渠道会随着技术的发展和用户习惯的变化而不断更新与演变。各平台和创作者需要遵循相关法律法规，传播积极健康的内容，共同营造良好的网络环境。

（2）短视频的推广渠道

短视频的推广渠道更多指的是主动采取的策略和手段，以提高视频的曝光度和观看量。常见的短视频推广渠道如图 1-1-7 所示。

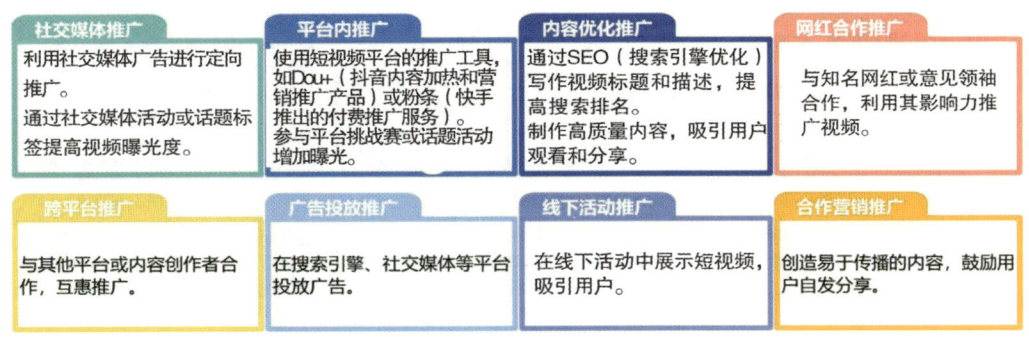

图 1-1-7　短视频推广渠道

活动 3：掌握评论维护、热点助力和数据分析的方法

（1）评论维护

短视频的评论区维护对于提升用户体验、塑造品牌形象、增强用户黏性等至关重

要。以下是一些针对短视频评论进行维护的策略：

①制订评论规则：明确规定评论区的行为准则，如禁止发布违法、色情、暴力、歧视性内容。公布评论管理规则，让用户了解哪些行为是被鼓励的，哪些是被禁止的。

②实时监控：利用技术手段实时监控评论区，及时发现不当言论。安排专人负责监控和审核评论内容。

③及时回应：对用户的正面评论表示感谢，增强互动。对用户的疑问和负面评论给予及时、合理的回应。

④积极引导：引导用户进行有益的、建设性的讨论。对恶意评论进行温和的劝导或警示。

⑤举报机制：设立举报功能，鼓励用户举报违规评论。对举报内容进行快速核实，并采取相应措施。

⑥激励机制：对高质量、有建设性的评论给予点赞、置顶等形式的激励。定期举办评论互动活动，提高用户活跃度。

除了以上策略，还可以通过技术手段过滤关键词，自动屏蔽敏感词；通过弹窗、公告等形式对用户进行网络文明教育；对所有评论进行备份，以备不时之需，同时记录处理不当评论的过程，作为管理参考；对于严重违反法律法规的评论，采取法律手段进行处理。通过以上措施，可以有效维护短视频评论区的秩序，营造一个健康、积极的网络环境。

（2）热点助力

热点助力是指通过一系列手段利用或创造热点来提高短视频内容的曝光度和影响力。以下是一些有效的热点助力手段，如图1-1-8所示。

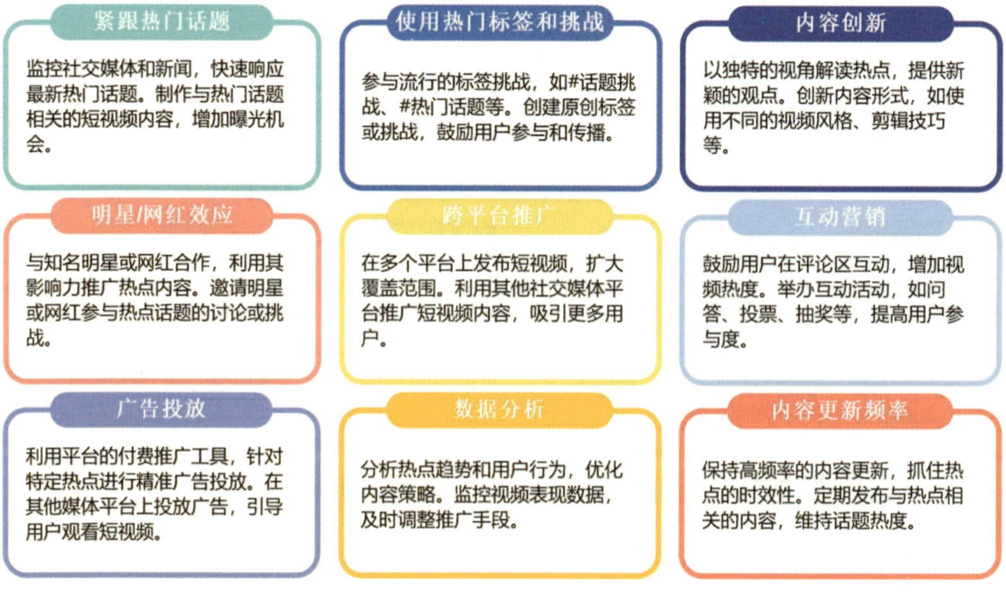

紧跟热门话题	使用热门标签和挑战	内容创新
监控社交媒体和新闻，快速响应最新热门话题。制作与热门话题相关的短视频内容，增加曝光机会。	参与流行的标签挑战，如#话题挑战、#热门话题等。创建原创标签或挑战，鼓励用户参与和传播。	以独特的视角解读热点，提供新颖的观点。创新内容形式，如使用不同的视频风格、剪辑技巧等。
明星/网红效应	**跨平台推广**	**互动营销**
与知名明星或网红合作，利用其影响力推广热点内容。邀请明星或网红参与热点话题的讨论或挑战。	在多个平台上发布短视频，扩大覆盖范围。利用其他社交媒体平台推广短视频内容，吸引更多用户。	鼓励用户在评论区互动，增加视频热度。举办互动活动，如问答、投票、抽奖等，提高用户参与度。
广告投放	**数据分析**	**内容更新频率**
利用平台的付费推广工具，针对特定热点进行精准广告投放。在其他媒体平台上投放广告，引导用户观看短视频。	分析热点趋势和用户行为，优化内容策略。监控视频表现数据，及时调整推广手段。	保持高频率的内容更新，抓住热点的时效性。定期发布与热点相关的内容，维持话题热度。

图1-1-8 短视频热点助力手段

除了以上手段，还可以与其他品牌或媒体建立合作关系，共同推广热点内容，联合举办活动，互相借力提高影响力；鼓励用户生成内容（UGC），让用户参与到热点内容的创作和传播中来，创造易于模仿和传播的内容，激发用户的创作热情。上述手段可以有效地利用热点为短视频内容助力，提升内容的传播力和用户参与度。在操作过程中，应确保内容的合法性和合规性，避免违反法律法规。

（3）数据分析

数据分析是评估短视频内容表现、优化运营策略和提升用户体验的重要手段。针对短视频进行数据分析的主要内容如表1-1所示。

表1-1-1 针对短视频进行数据分析的主要内容

分类	内容
基础数据	播放量：视频被观看的次数，反映内容的曝光度 点赞量：用户对视频的正面反馈，衡量内容的受欢迎程度 评论量：用户在视频评论区的互动，反映内容的讨论热度 分享量：视频被分享的次数，衡量内容的传播力
来源和引流数据	流量来源：用户观看视频的渠道，如推荐、搜索、外部链接等 关键词：用户通过搜索引擎搜索并观看视频的关键词
用户画像	性别分布：观看视频的用户性别比例 年龄分布：观看视频的用户年龄分布 地域分布：观看视频的用户地理位置分布
内容表现数据	热门内容类型：哪些类型的内容更受欢迎 高表现内容特征：分析高播放量、高互动率视频的共同特点
发布时间分析	最佳发布时间：分析不同发布时间对视频表现的影响，找出最佳发布时间
竞品分析	竞品内容表现：分析竞争对手的内容策略和表现数据 竞品用户互动：对比竞品在用户互动方面的表现
转化数据	转化率：视频引导用户进行购买、下载、注册等行为的比例 收益分析：视频带来的直接或间接收益
趋势分析	内容趋势：分析哪些类型的内容趋势正在上升 热点追踪：追踪热点话题和事件对内容表现的影响
反馈和投诉	用户反馈：收集和分析用户对内容的反馈 投诉情况：分析视频可能引起的投诉原因

通过这些数据分析，创作者可以更好地理解用户行为，优化内容创作，调整运营策略，提高短视频的整体表现和用户满意度。数据分析应结合具体业务目标和平台特性进行，以实现数据驱动的决策。

知识链接

> **短视频未来发展趋势**

　　了解短视频未来发展趋势可以更好地预见并把握行业的变化,从而更好地规划发展方向,抓住机遇,避免风险,保持竞争力并不断创新,以适应快速变化的时代。短视频未来发展趋势具体如图1-1-9所示。

1 技术驱动创新
5G(第5代通信技术)网络的普及将带来更快的传输速度和更低的延迟,结合人工智能技术,短视频的推荐算法将更加精准,用户体验将进一步提升;虚拟现实和增强现实技术的融合将为短视频带来更加沉浸式的观看体验。

2 内容多样化与专业化
短视频内容将更加细分和专业,满足不同用户群体的需求;专业内容生产者和用户生成内容将共同推动短视频内容生态的繁荣。

3 商业模式创新
短视频将进一步加强与电商的结合,直播带货成为新的增长点。同时,广告形式将更加原生和互动;短视频平台将围绕热门内容进行IP开发,拓展衍生品市场。

4 国际化扩张
短视频平台将继续拓展国际市场,推动内容的全球化传播;在国际化扩张的同时,短视频平台将注重内容的本地化运营。

5 监管与自律
随着监管政策的完善,短视频平台将加强内容审核,确保内容的合规性;用户隐私保护将成为短视频平台关注的重点。

6 社交属性增强
视频平台将加强社区建设,鼓励用户互动和内容共创;整合更多社交功能,提高用户黏性。

图1-1-9　短视频未来发展趋势

　　总体来看,短视频行业的发展是从技术探索到市场爆发的过程,而未来趋势是在技术创新、内容多元化、商业模式拓展、国际化发展以及监管自律等方面的持续深化和升级。

学习评价

1.学习过程评价

班级:_____　　姓名:_____　　组别:_____

序号	考核指标	等级(权重)				自评 30%	小组评 30%	教师评 40%
		优秀	良好	合格	需努力			
1	在搭建账号过程中遇到疑难问题,能通过请教老师、同伴和互联网检索等途径自主学习	5	4	3	2			

续表

序号	考核指标	等级（权重）				自评 30%	小组评 30%	教师评 40%
		优秀	良好	合格	需努力			
2	能够树立正确的价值观，遵循法律法规，传播正能量，抵制低俗、暴力等不良内容	5	4	3	2			
3	能合理制订工作计划，在规定时间内完成任务，时间控制合理	5	4	3	2			
4	具有团队协作意识，学会与他人分享、交流，共同提高短视频制作和运营水平	5	4	3	2			
5	能遵守实训室规章制度，不迟到、早退	5	4	3	2			
6	能在交流中勇于发表意见、提出疑惑，乐于帮助他人学习	5	4	3	2			
各项总分：								
总　　分：								
我的自评：								
组内评语：								
教师评语：								

2. 理论考试（扫描二维码完成题目）

理论考试

3. 成果评价

班级：_____　　姓名：_____　　组别：_____

	考核指标	等级（权重）				自评 20%	小组评 20%	教师评 30%	企业导师评 30%
		优秀	良好	合格	需努力				
主观评价	能够说出短视频的概念、特点	5	4	3	2				
	能够说出短视频变现的方法	5	4	3	2				
	能够简单表述短视频的发展历史和未来发展趋势	5	4	3	2				
	能够说出热门短视频发布平台及各自的特点和优势	5	4	3	2				
	能够描述短视频运营的基本流程	5	4	3	2				
	能够独立完成短视频的策划、拍摄、剪辑和发布全过程	5	4	3	2				
客观评价	选择合适的短视频平台注册账号	5	4	3	2				
	个人账号昵称好懂、好记、好传播，带有人设	5	4	3	2				
	账号头像简单清晰，和账号定位相对应	5	4	3	2				
	账号简介保证信息真实、正面，符合账号定位	5	4	3	2				
	背景图符合内容定位，易于识别	5	4	3	2				
各项总分：									
总　　　分：									
我的自评：									
组内评语：									
教师评语：									

项目小结

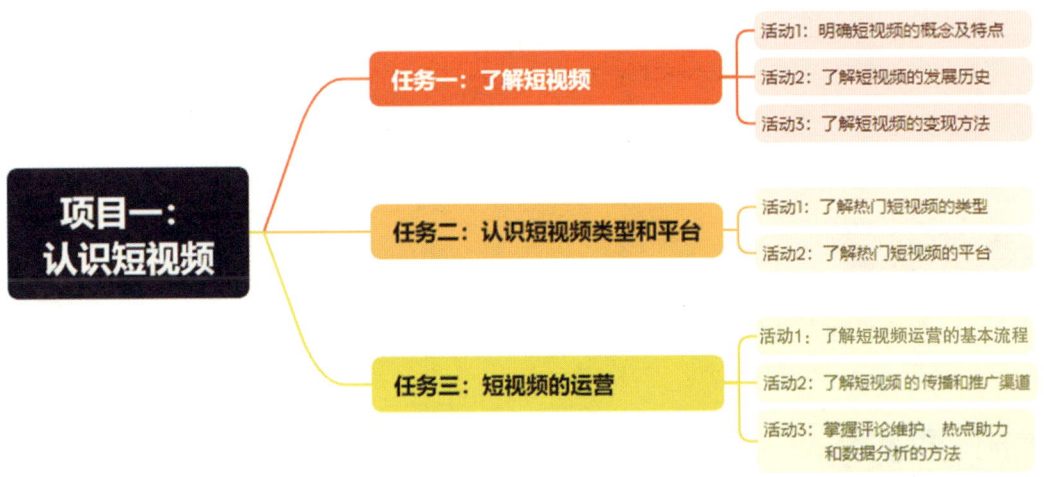

图 1-1-10 认识短视频的思维导图

项目拓展练习

在抖音平台搭建个人账号

表 1-1-2 在抖音平台搭建个人账号的步骤

示例：搭建一个卖休闲零食和美味糕点的账号		
	闲食有你	整体效果
简介	零食在手，快乐我有 闲食有你在线分享 性价比高且丰富的休闲零食和美味糕点 源头工厂生产 低价包邮 售后无忧！！ 好吃的零食都在橱窗里～	
昵称		
封面		

项目二　短视频制作流程
（6课时）

▶ 设计主题

熟悉短视频制作流程

▶ 视频达人

子珊是一名美食博主，她的视频内容不仅限于美食制作，更融入了许多中国传统文化的元素，如非遗传承、乡村风情等，形成了独特的视频风格。她的原创短视频不但在国内各大视频平台广受欢迎，而且在海外视频平台 YouTube（油管）上也大受欢迎。她本人还被国外网友称作"来自东方的神秘力量"，成为中国文化输出的重要力量。

▶ 三维目标

知识目标

➢ 能够说出短视频制作的完整流程。
➢ 能够说出短视频团队成员的职责职能，概括整合现有资源合理搭建团队的方法。
➢ 能够识记短视频相关专有名词。
➢ 能够识别短视频拍摄器材的种类和用途，掌握素材拍摄的基本方法。
➢ 能够初步利用剪映剪辑视频并发布到短视频平台。
➢ 能够整理分析平台数据，对短视频进行复盘和优化。

能力目标

➢ 能够描述短视频的制作流程。
➢ 能够根据需求组建团队并编写短视频脚本。

- 能够整合各种素材，完成一条短视频的制作。
- 能够掌握短视频运营的基本技巧。

素质目标

- 培养学习分析能力，能不断地学习新的知识和技能，具备从优秀的短视频中提炼和分析精妙的创意、优美的构图、优秀的运营方法的能力。
- 培养创意构思能力，广泛涉猎，观察生活，善于挖掘潜在的创意素材。
- 培养团队协作能力，善于与团队成员沟通、协作，共同完成短视频项目。
- 遵守法律法规，制作优良的、传播正能量的作品。

项目任务书

项目名称： 制作校园题材短视频

1. 项目背景

本项目以校园环境为背景，通过校园题材短视频的制作，介绍短视频制作中的团队搭建、策划、拍摄、剪辑、发布运营等方面的知识。

2. 项目目标

（1）学会搭建短视频团队。
（2）学会短视频选题策划及脚本的编写。
（3）掌握短视频拍摄、剪辑、发布的工作流程。

3. 项目内容

（1）了解团队人员职能，优化人员配置，提高产出效益。
（2）精准定位目标受众，策划短视频选题、撰写短视频脚本等。
（3）认识拍摄器材和设备，了解景别，灵活运用拍摄镜头，学会构图和布光。
（4）学会剪辑、调色、配音、添加字幕。
（5）学会设计封面、发布短视频、数据复盘与优化。

4. 项目时间表

（1）建立团队：0.5课时

（2）选题策划：1课时

（3）实地拍摄：2课时

（4）后期制作：2课时

（5）发布与推广：0.5课时

5. 项目评估

（1）团队成员分工合理，职责清晰。

（2）画面清晰、色彩饱满、构图美观。

（3）剪辑流畅，能完整地呈现剧本所要表达的内容。

（4）内容充实，且合乎法规和平台要求。

▶ 任务实施

任务一　短视频工作团队搭建

活动1：搭建团队　明确职责

搭建短视频工作团队需要根据团队的目标和定位，合理设置岗位。然后要加强团队协作与沟通，不断学习和创新，以期制作出高质量的短视频作品。

以下是根据A团队的目标和定位进行的团队搭建，搭建过程如下。

（1）明确团队目标和定位

目标：持续创作高质量、有创意且幽默的短视频，实现高传播度与商业价值最大化，同时发挥社会影响力。

定位：以幽默搞笑、犀利吐槽为主要风格，针对年轻群体，内容涵盖生活各方面，贴近年轻人的生活状态与社会热点。

（2）进行岗位分析、拟定岗位说明书

根据团队目标和定位进行分工，明确每个岗位所需的技能、经验和素质，这可大大提高团队工作效率和视频质量。表1-2-1是A团队进行的分工。

表 1-2-1　A 团队的分工

岗位名称	岗位职责
创意策划	以幽默搞笑的风格为特色，策划团队不断挖掘生活中的趣事和热点话题
拍摄	运用简单而有效的拍摄方式，注重演员的表演和台词的传达
后期制作	通过剪辑和特效增强视频的喜剧效果
演员	具有出色的表演能力和喜剧天赋
运营	负责平台管理、内容发布与推广、粉丝互动维护、数据分析调整以及商务合作拓展
灯光	配合影棚的搭建，灯光的调配与布置，拍摄时灯光的控制
录音	根据导演的要求完成现场声音的收录工作

活动 2：短视频团队优化

在短视频创作领域，团队强大的内容创作能力就像一艘船的船身，高效的团队协作能力就像船桨。通过合理管理与持续优化，短视频创作团队才能在市场中成熟、壮大。市场、用户需求及平台规则多变，团队须不断优化适应。优化运营中发现的问题或低效环节，可提升效率、减少资源浪费；优化团队成员的能力，可扩大整个团队的发展空间，共同推动团队的进步。

为了适应市场，创作出更优质的短视频，A 团队经过调查、讨论、分析，制订如下优化方案，如表 1-2-2 所示。

表 1-2-2　A 团队优化后的方案

优化内容	优化目的
紧跟热点话题，如热门影视、社会焦点事件等	让创作者的视频更具时效性，吸引关注热点的用户，保持账号热度
拓展内容领域至知识科普、文化艺术等	扩大账号受众范围，满足不同用户的兴趣需求，丰富账号内容
深化内容，对一些社会现象进行深度剖析	提升账号的思想深度和内涵，扩大账号的影响力，引发用户深入思考
针对不同短视频平台特点制订专属运营策略	提高视频在各平台的曝光度，充分利用不同平台优势，扩大账号传播范围
与其他知名博主、品牌合作推出特别内容	借助合作方的影响力，提升账号知名度，拓展新的受众群体
引进专业编剧、后期制作等人才	为账号带来新的创意和更高质量的制作，提升视频品质
优化视频制作、审批等工作流程	提高账号内容的生产效率，保证视频能够及时发布

任务二 策划短视频

活动1：精准定位目标受众

在策划短视频之前，首先需要明确目标受众，这涉及对潜在受众的深入分析，包括他们的年龄、性别、教育背景、兴趣爱好等。例如，如果目标受众是青少年的话，那么视频内容可能需要更加生动有趣，以吸引他们的注意力。如果目标受众是专业人士的话，那么内容可能需要更加深入和专业。视频创作者可以从以下几个方面对特定受众进行分析，以达到精准定位的目的，从而确保视频内容能够满足受众的需求，提高视频的吸引力和影响力，如图1-2-1所示。

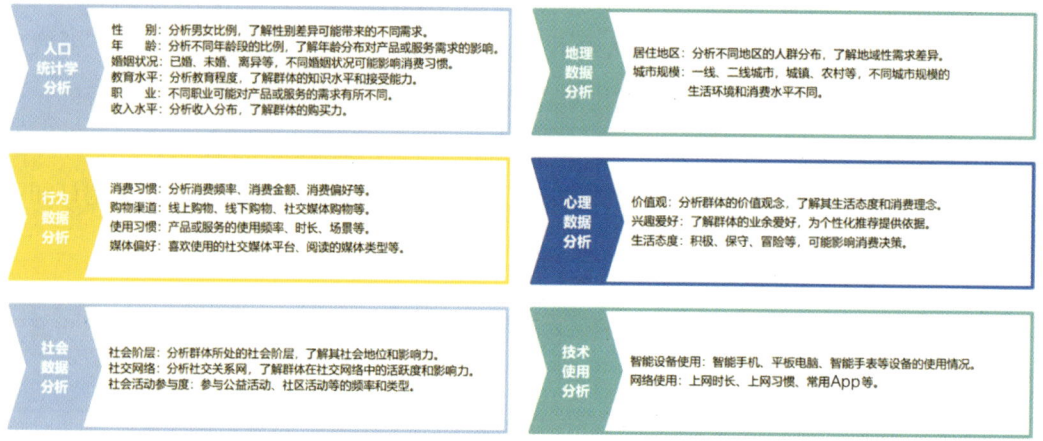

图 1-2-1 定位目标受众的分析方法

活动2：策划短视频选题

好的选题能够吸引受众的注意力，能够为受众提供有价值、有深度的内容，从而提高视频的点击率、观看率，扩大视频的传播范围，增强受众对品牌的信任感。视频创作者策划短视频的选题，可以从以下几个方面着手。

表 1-2-3 策划短视频选题的步骤及方法

步骤	方法
市场调研	➢ 分析目标受众：了解他们的兴趣、需求、痛点等 ➢ 竞品分析：研究竞争对手的选题策略，找到差异化的点 ➢ 趋势洞察：关注行业热点、流行趋势，抓住时效性内容

续表

步骤	方法
确定 主题方向	➤ 结合品牌定位：选题要与品牌形象、产品特性相符 ➤ 创造性思维：运用头脑风暴、思维导图等方法，激发创意选题
内容规划	➤ 确定核心信息：明确视频要传达的主旨 ➤ 设计故事情节：构建引人入胜的故事线，提高受众的观看兴趣 ➤ 选择表现形式：根据内容特点选择适合的表现形式，如教程、访谈、故事等
选题评估	➤ 价值性：选题是否对目标受众有价值 ➤ 可行性：选题在现有资源条件下是否可行 ➤ 创新性：选题是否具有创新性，能否吸引受众注意力 ➤ 时效性：选题是否具有时效性，能否抓住当前热点
制订 执行计划	➤ 确定拍摄时间、地点、人员等 ➤ 制订预算计划，控制成本 ➤ 安排后期制作流程，确保视频质量
测试与优化	➤ 发布视频后，收集受众反馈 ➤ 分析数据，如观看时长、点赞量、分享量、评论量等 ➤ 根据反馈和数据调整选题策略，不断优化内容

通过以上步骤，创作者可以有效地策划出既符合品牌定位又能吸引目标受众的短视频选题。

活动3：撰写短视频脚本

确定短视频的选题后，要进一步挖掘选题的主题和想要传达的核心信息，根据主题和核心信息进行短视频脚本的创作。撰写短视频脚本是一个创造性和系统性的过程，短视频创作者可以参考以下信息。

（1）明确视频目的

在撰写脚本之前，明确视频的目的，确保内容与目标一致。

（2）确定视频类型

根据创作目的选择合适的视频类型，如教程、广告、故事讲述、幽默短片等。

（3）脚本结构

一个典型的短视频脚本通常包括以下几个部分，如图1-2-2所示。

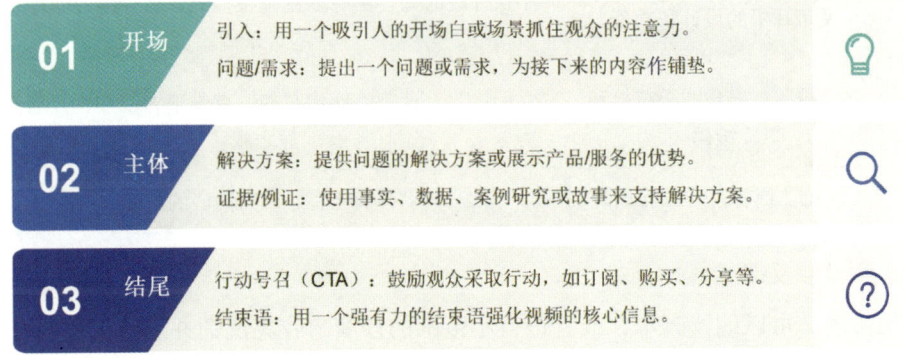

图1-2-2 脚本结构

(4) 撰写脚本的具体步骤

撰写脚本的具体步骤如图 1-2-3 所示。

①列出关键信息：将视频需要传达的所有关键信息和要点列出来。

②编写旁白：用简洁易懂的语言编写旁白，确保旁白与视觉内容相匹配，避免冗余。

③视觉元素规划：描述每个场景的视觉内容，包括动作、表情、产品展示等，注明转场效果和视觉特效（如果有的话）。

④时间规划：为每个部分分配时间，确保整个视频的长度符合短视频平台的最佳时长（通常为 15 秒到 3 分钟）。

⑤修订和精炼：仔细检查脚本，确保语言流畅、信息准确。精炼内容，删除不必要的细节，保持脚本内容紧凑。

图 1-2-3　撰写脚本的具体步骤

(5) 脚本示例

脚本示例如表 1-2-4 所示。

表 1-2-4　脚本示例

结构	画面	旁白
开场白	快节奏的城市生活画面	"在忙碌的生活中，你是否也在寻找一丝宁静？"
主体	切换到一个人在安静的环境中使用产品	"介绍我们的新款降噪耳机，专为追求宁静的你设计。"
	展示耳机的设计和功能	"不仅外观时尚，更有多重降噪模式，让你随时随地享受清晰的音乐体验。"
结尾	产品特写，出现购买链接和二维码	"立即体验，让宁静伴你左右。点击下方链接，开启你的宁静之旅。"
	LOGO（商标）和口号出现	"品牌名称，聆听内心的声音。"

(6) 测试和反馈

在拍摄前，可以朗读脚本，或者进行小范围的预演，收集反馈并进行调整。

小贴士

记住，脚本内容应该是灵活的，可以根据实际情况进行调整。

活动 4：利用 AI 辅助创作短视频

近年来，AI（人工智能）在短视频创作中扮演着越来越重要的角色，它通过自动化和智能化的方式，极大地提高了内容创作的效率和质量，以下是一些常用的辅助短视频创作的 AI 工具：

（1）视频分析和素材搜索匹配工具，如 33 搜帧、Rizzle、QuickSight 等，这些工具利用人工智能技术，对视频内容进行分析和理解，能够提炼出关键信息，提高寻找灵感的效率。同时，它们还能基于分析结果，在素材库中匹配最适合的视频内容，从而提高视频制作的效率。

（2）AutoShorts：这是一个开源的 AI 视频创作和发布平台，支持自定义脚本、配音和视觉效果。它能够自动生成视频内容，并支持一键式操作，简化视频制作流程。此外，AutoShorts 还提供自动发布机制，可以将视频定时发布到 YouTube 和 TikTok 等平台。

（3）视频生成工具，如 LCM、LCM-Painter 和 Pika 等，这些工具能够基于文本或图像内容生成视频素材。它们适用于动画制作，特别是制作海洋动物视频，并支持视频实时编辑。

（4）Tailor：这是一个免费开源的 AI 视频编辑工具，集成了人脸识别、语音识别等智能技术。它提供视频编辑、生成和优化三大功能，包括人脸剪辑、语音剪辑、口播生成、字幕生成和色彩生成等。Tailor 还支持背景更换以及视频流畅度和清晰度的优化。

这些工具大大简化了短视频制作的流程，使内容创作更加高效和便捷，但是很多工具在使用时都需要开通会员。随着技术的不断发展，未来可能会有更多功能强大的 AI 工具出现，进一步推动短视频创作的发展。2023 年 10 月，抖音推出了抖音即创工具，这一工具最初以公测版的形式出现，随后在 2023 年 11 月 28 日正式上线，并且提供了视频创作、图文创作、直播创作三大功能。即创工具旨在通过智能技术提升创作者的创作效率，包括智能成片、AI 视频脚本、商品卡工具、图文工具、AI 直播脚本等，为创作者提供了全方位的支持。

任务三 拍摄短视频

活动1：认识专业名词

在进行拍摄时，创作者常常觉得自己拍摄出的作品与心中期望拍摄成的作品相去甚远，其主要原因在于对帧率、视频分辨率、视频对焦以及曝光等这些基本概念的认知有所欠缺。

学习这些基本知识对于我们拍摄短视频作品而言具有重大意义，能够提升作品的质量与表现力；有助于受众更好地理解和欣赏作品；适应数字化时代的需求，帮助我们充分利用设备拍摄出高质量的作品，并在各种平台上分享精彩内容。

（1）认识帧率

帧率是指视频中每秒钟显示的图像帧数，以"fps"（frames per second）为单位。帧率越高，视频看起来就越流畅，动态效果也更加逼真。常见的帧率有24fps、30fps、60fps。

（2）认识视频分辨率

视频分辨率是指视频图像中所包含的像素数量，通常用水平像素数×垂直像素数来表示。分辨率越高，图像就越清晰，细节也更加丰富。常见的分辨有480P、720P、1080P、2K、4K。

（3）认识视频对焦

对焦是使视频中的主体清晰成像的过程，即通过调整镜头的焦点位置，让特定的对象在画面中呈现出清晰的状态。

（4）认识曝光

曝光是指相机的感光元件接收光线并形成影像的过程。合适的曝光可以使画面的亮度、对比度和色彩达到理想的平衡状态。

活动2：认识拍摄设备和器材

拍摄短视频的设备和器材种类繁多，不同的设备适用于不同的需求和预算，如特殊的镜头效果、高质量的音频录制、多角度的拍摄等。合适的设备和器材能够帮助创作者拍摄出清晰、稳定、色彩还原度高的视频，这对于吸引观众和表达内容至关重要。

常见的设备和器材有手机、相机、稳定器、三脚架、麦克风、灯光设备、收音设备等。

（1）拍摄设备

①智能手机

随着科技的发展，智能手机已成为人们生活中必不可少的设备，很多类型的智能手机配备了强大的摄影功能，无论是清晰度还是画面质量，都可以满足人们拍摄短视频的需求。智能手机体积小，便于携带，可以随时随地进行拍摄，非常适合快速捕捉灵感或记录日常生活，如图1-2-4所示。另外，智能手机还集成了摄像头、麦克风、编辑软件等多种功能，可以一站式完成拍摄、剪辑，并且可以直接将拍摄的视频上传到社交媒体平台，方便快捷地与朋友或粉丝分享。

图1-2-4　智能手机

②数码相机

数码相机是一种利用电子传感器把光学影像转换成电子数据的拍摄器材。其出色的便携性和相对较高的画质，对于追求高画质的短视频创作者而言，是非常好的选择。数码相机通常可以分为便携式数码相机、单反数码相机、微单数码相机、超级变焦数码相机、运动相机等。

图1-2-5　便携式数码相机

图1-2-6　单反数码相机

图1-2-7　微单数码相机

图1-2-8　超级变焦数码相机

图1-2-9　运动相机

③云台相机

云台相机是一种将云台与相机整合为一体的拍摄设备。它通常具备小巧便携的外形，通过先进的三轴机械结构稳定系统，能有效抵消拍摄过程中的抖动，确保画面稳定，如图 1-2-10、图 1-2-11 所示。

图 1-2-10　云台相机（1）　　　　　　图 1-2-11　云台相机（2）

④无人机航拍飞行器

无人机航拍飞行器主要用于拍摄广阔的自然风光、城市风貌、大型活动场景等，能够从独特的高空视角为用户提供震撼的画面，如图 1-2-12、图 1-2-13 所示。但使用无人机航拍飞行器有诸多限制和注意事项。在限制方面，未经许可不能在机场、军事禁区、政府机构等敏感区域附近飞行，部分区域对飞行高度和范围也有严格规定。

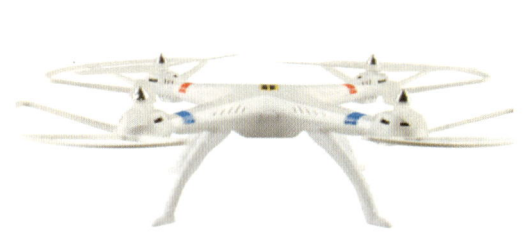 

图 1-2-12　无人机航拍飞行器（1）　　　　图 1-2-13　无人机航拍飞行器（2）

（2）稳定设备

拍摄运动场景时，如跑步、骑行、舞蹈等场景，人物或物体处于快速移动状态，使用稳定设备可以确保画面清晰稳定，捕捉精彩瞬间。常用的稳定设备有手持稳定器、三脚架、滑轨等，如图 1-2-14 所示。

手持稳定器　　　　　　　三脚架　　　　　　　　滑轨

图 1-2-14　稳定设备

（3）灯光设备

对于短视频拍摄来说，使用补光设备可以提升画面的层次感和纵深感。合适的补光可以让物体的颜色更加真实自然，避免因光线问题导致色彩偏差，常用的补光设备如图 1-2-15 至图 1-2-18 所示。

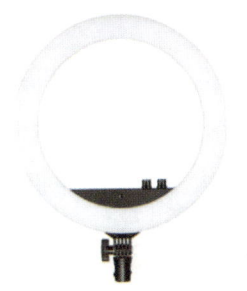 

图 1-2-15　环形补光灯　　　　　　　　图 1-2-16　柔光灯箱

图 1-2-17　便携 LED 补光灯　　　　　　图 1-2-18　反光板

（4）收音设备

在拍摄短视频的过程中，相机或智能手机等拍摄器材自带的收音功能效果有限，为了提升收音效果，可以添置专门的收音设备，常用的收音设备如图 1-2-19 至图 1-2-22 所示。

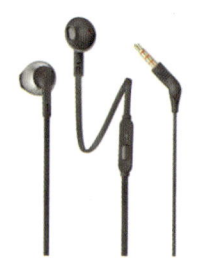
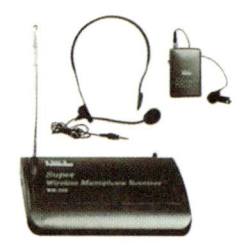

图 1-2-19　带有麦克风的耳机　　　　图 1-2-20　插线麦克风

图 1-2-21　无线麦克风　　　　图 1-2-22　录音笔

活动3：了解各种景别

景别是指由于在焦距一定时，摄影机与被摄主体的距离不同，造成被摄主体在摄影机录像器中所呈现出的范围大小的区别。我们通常将景别分为五大类：远景、全景、中景、近景、特写。下面我们将利用人物在画面中所占比例的大小为标准介绍各种景别。

（1）远景

远景是指人物在画面中占比较小，通常只占画面高度的五分之一以下，如图1-2-23所示。远景主要用来展现宏大的场景、环境氛围、地理位置等，交代故事发生的地点、时间以及整体的背景情况，让观众对整体环境有宏观的认识，营造氛围和情绪，为故事的展开奠定基础。

（2）全景

全景是指人物全身在画面中呈现，人物高度约占画面的一半左右，如图1-2-24所示。全景主要用来展现人物的全貌以及人物与周围环境的关系，交代人物的动作、姿态和所处的空间位置，使观众能够清晰地看到人物的整体形象和动作，了解人物在特定环境中的状态。

图 1-2-23　远景

图 1-2-24　全景

（3）中景

中景是指人物膝盖以上部分在画面中，人物高度约占画面的三分之二左右，如图1-2-25所示。中景重点展示人物的动作、表情和交流，同时体现一定的环境背景。观众可以较为清楚地看到人物的表情变化和动作细节，有助于理解人物的情感和行为动机。

图1-2-25　中景

（4）近景

近景是指人物胸部以上部分在画面中，人物高度约占画面的四分之三左右，如图1-2-26所示。近景主要用来突出人物的面部表情、神态等细节，展现人物的内心情感，让观众更近距离地观察人物的情感变化，增强观众对人物的情感共鸣。

图1-2-26　近景

（5）特写

特写是指只展现人物的局部，如面部特写为人物的眼睛、嘴巴等部位，占满整个画面或绝大部分画面，如图1-2-27所示。特写强调特定的细节，如人物的眼神、表情的细微变化、特殊的装饰等。特写可以引起观众的高度关注，强调重要的细节信息，增强画面的表现力和感染力。

图1-2-27　特写

活动4：灵活使用各种运镜

运镜是通过移动相机等方式让画面产生动态变化的拍摄手法。一方面，它能让短视频更具动感和吸引力，能增强画面的活力，能以独特的视角展现主体，使短视频更加新颖有趣。另一方面，它有助于引导观众的注意力，同时，将不同的运镜方式结合起来，可以丰富短视频的画面内容，俯拍呈现宏大的场景，仰拍强调主体的高大感。变焦运镜可以在不改变位置的情况下调整画面焦点，增加层次感。

下面将介绍推、拉、摇、移、跟五种运镜的运镜方法、效果和常用场景，如表1-2-5所示。

表 1-2-5　五种运镜使用方法

运镜名称	运镜方法	运镜效果	常用场景	扫码观看示例
推镜头	摄像机向被摄主体方向推进，或者通过改变焦距使画面主体逐渐变大	突出主体，引导观众将视线聚焦到重要的元素上，使主体更具吸引力和表现力	用于强调人物表情、细节，或者引导观众关注某个特定的物体，如电影中主角出场、产品特写等	
拉镜头	摄像机逐渐远离被摄主体，或者通过改变焦距使画面主体逐渐变小	展示主体所处的环境，增加画面的信息量，营造出一种远离或揭示的感觉	可用于故事开场，展示场景全貌；也可用于结尾，给人以思考空间	
摇镜头	摄像机位置不动，通过转动云台使镜头左右或上下摇动	扩大视野范围，展示空间关系，让观众对场景有更全面的了解	可用于展示宏大的场景，如自然风光、大型建筑等；也可用于跟随人物运动，交代人物与环境的关系	
移镜头	摄像机沿着一定的方向移动拍摄，可以借助轨道、推车等辅助设备	产生动态感，让画面更加生动，让观众觉得仿佛在场景中穿梭	常用于跟拍人物行走、车辆行驶等动态场景，增强画面的真实感和代入感	
跟镜头	摄像机跟随被摄主体运动而同步移动	突出主体的运动状态，使观众能够紧密跟随主体的行动，增强紧张感和参与感	适合拍摄运动员比赛、人物奔跑等场景，让观众更好地感受主体的速度和活力	

活动 5：解锁短视频构图技巧

构图是在创作中对画面元素进行组织和安排的方式。它包括决定画面中各个元素的位置、大小、比例、色彩搭配等，以达到视觉上的和谐、平衡与美感，同时有效地传达特定的主题、情感和信息。

掌握构图技巧，能提升作品的视觉吸引力，使画面更具魅力，迅速抓住观众的眼球；还能让观众更清晰地理解创作者想要表达的核心内容；有助于营造氛围和情感，通过元素的巧妙布局引发观众的共鸣。

常用的构图方法有中心构图、三分构图、对称构图、引导线构图、框架构图等。这些构图方法各有特点，可根据不同主题和拍摄环境选择，以拍摄出具有表现力和独特性的短视频作品。

（1）中心构图

➤ 构图方式：将主体置于画面中心位置，周围元素围绕主体分布，如图 1-2-28 所示。

➤ 画面效果：主体突出、明确，具有很强的视觉冲击力，能迅速吸引观众的注意力。

➤ 适用场景：适用于突出单一主体的场景，如人物特写、单个产品展示等。

➤ 注意事项：主体要足够有吸引力和表现力，否则画面易显单调；背景要简洁，避免杂乱元素干扰主体。

图 1-2-28　中心构图

（2）三分构图

➤ 构图方式：把画面横竖分为三等分，形成九宫格，将主体或重要元素放置在四个交叉点上，也可让元素沿着分割线分布，如图 1-2-29 所示。

➤ 画面效果：画面平衡且富有动态感，引导观众视线在不同元素间流动。

➤ 适用场景：风景摄影、人物与环境结合的场景等。

➤ 注意事项：元素分布要自然，避免刻意；注意主体与周围环境的呼应和平衡。

图 1-2-29　三分构图

（3）对称构图

➤ 构图方式：画面左右或上下完全对称，主体位于对称轴上或对称中心处，如图 1-2-30 所示。

➤ 画面效果：给人稳定、庄重、和谐的视觉感受。

➤ 适用场景：建筑摄影、具有仪式感的场景等。

➤ 注意事项：对称要精准，稍有偏差会破坏平衡感；可适当添加小的不对称元素增加生动性。

图 1-2-30 对称构图

(4) 引导线构图

➢ 构图方式：利用画面中的线条元素，如道路、河流、栏杆等，引导观众的视线指向主体，如图 1-2-31 所示。

➢ 画面效果：增强画面的纵深感和动态感，使观众的注意力集中在主体上。

➢ 适用场景：走廊、街道、自然风光等有明显线条的场景。

➢ 注意事项：引导线要清晰、连贯，起到引导作用；主体在引导线的关键位置要突出。

图 1-2-31 引导线构图

(5) 框架构图

➢ 构图方式：利用窗户、门框、洞口等框架元素，将主体框在其中，如图 1-2-32 所示。

➢ 画面效果：增加画面的层次感和纵深感，突出主体，同时营造出一种窥视感。

➢ 适用场景：透过窗户拍摄风景、人物在门框中出现等场景。

➢ 注意事项：框架不能过于抢眼，要突出框架内的主体；框架的形状和大小要与主体和画面风格相匹配。

图 1-2-32　框架构图

活动6：巧妙用光

拍摄短视频时，学会布光至关重要。它能塑造物体形态，通过明暗对比突出立体感和轮廓；营造氛围和情感，不同的布光方式可以给人带来不同的感觉；突出重点，将主体与背景对比以吸引目光；提升画面质量，使画面清晰、色彩鲜艳；满足不同拍摄需求，如人物肖像和产品广告等拍摄场景。

接下来，我们介绍顺光、侧光、逆光、顶光、底光这几种常见自然光线的拍摄技巧，帮助大家学会利用自然光线来提升视频画面的质感。

（1）顺光

➢ 特点：光线从正面照射被摄物体，被摄物体受光均匀，阴影较少，能清晰地展现物体的细节和色彩。

➢ 效果：画面明亮、清晰，色彩饱和度高，但由于缺乏立体感，可能会使画面显得比较平淡。

（2）侧光

➢ 特点：光线从侧面照射被摄物体，会在物体上产生明显的明暗对比，能够突出物体的立体感和质感。

➢ 效果：营造出强烈的戏剧性效果，使物体的轮廓更加分明，但如果侧光角度过大，可能会导致阴影部分过暗，丢失细节。

（3）逆光

➢ 特点：光线从被摄物体的背面照射过来，会在物体边缘形成明亮的轮廓光，使物体与背景分离，产生强烈的视觉效果。

➢ 效果：营造出神秘、浪漫的氛围，增强画面的艺术感染力，但逆光下主体正面容易较暗，需要进行补光。

（4）顶光

➢ 特点：光线从被摄物体的正上方照射下来，会在物体上产生向下的阴影。

➢ 效果：可以突出物体的顶部轮廓，适合表现一些具有特殊形状或纹理的物体，但如果顶光过强，可能会使人物面部产生不美观的阴影。

（5）底光

➢ 特点：光线从被摄物体的下方照射上来，会在物体上产生向上的阴影。

➢ 效果：通常用于营造恐怖、神秘的氛围，或者在特殊的艺术创作中使用，但在一般情况下使用较少，因为容易使人物或物体看起来不自然。

任务四　剪辑短视频

活动1：视频的基本剪辑操作

视频剪辑主要包括素材的整理、粗剪、精剪、声音处理、色彩矫正、添加字幕与导出分享。下面以剪映专业版为例，介绍视频的基本剪辑操作。

扫码观看操作流程

（1）启动软件

用鼠标双击桌面上的剪映专业版图标，进入剪映专业版，启动页面，如图1-2-33所示。

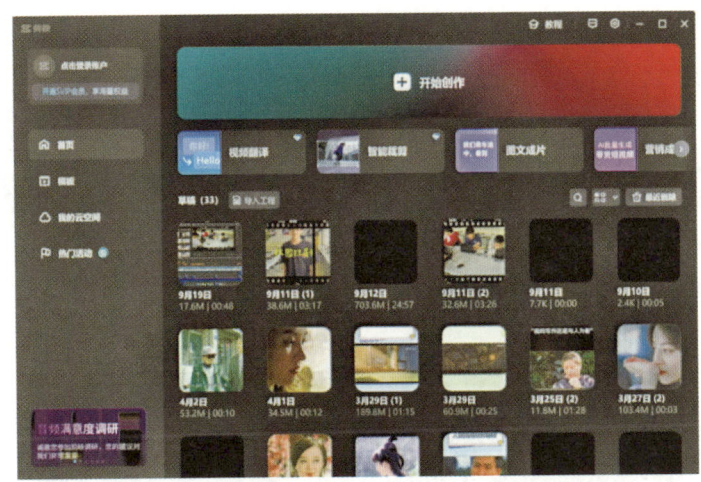

图 1-2-33　启动软件

（2）进行全局设置

在剪映专业版启动界面，单击 ⚙（设置）按钮，从弹出的下拉菜单中选择"全局设置"命令，如图 1-2-34 所示。

在"全局设置"面板中，单击"草稿"选项卡，切换到草稿设置界面。分别单击"草稿位置"和"素材下载位置"右侧的 📁 按钮，选择草稿和素材的保存位置。设置完成后，单击"保存"按钮，如图 1-2-35 所示。

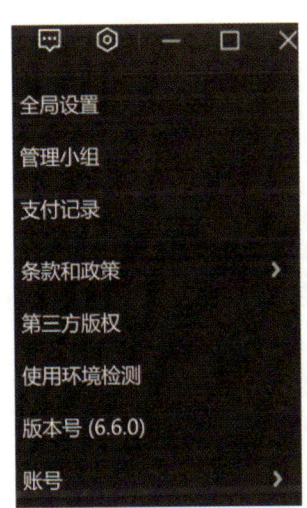

图 1-2-34　设置界面

图 1-2-35　全局设置界面

（3）添加素材

在剪映专业版启动界面，点击"开始创作"按钮，进入视频剪辑界面，如图 1-2-36、1-2-37 所示。

图 1-2-36 启动界面

图 1-2-37 视频剪辑界面

点击"导入"按钮,选择本案例所有素材文件,把素材文件导入"素材面板"中,如图 1-2-38 所示。

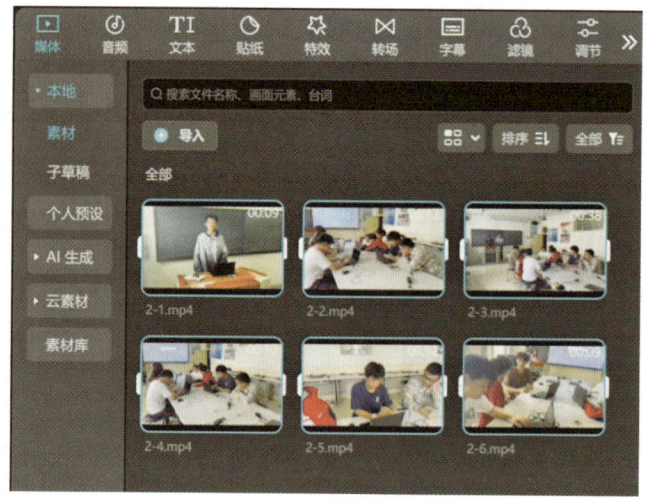

图 1-2-38 素材面板

(4)编辑视频

按照脚本顺序,把素材文件依次拖动到时间线上,如图 1-2-39 所示。

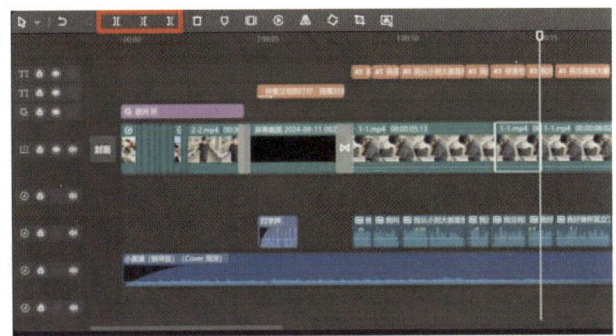

图 1-2-39 时间线上的素材

在同一个轨道上添加多段素材后，如果要调整其中一段素材的前后顺序，可以使用鼠标左键长按此段素材，将其拖动到合适位置后松手即可。

设置素材的播放速度。在时间线上，选择素材文件，在"功能面板"中，点击"变速"按钮，设置播放速度为"常规变速"→44.0x，如图 1-2-40 所示。

添加特效。点击"特效"菜单，选择"胶片Ⅲ"特效，利用鼠标左键将其拖动到视频素材所在的时间线上，如图 1-2-41 所示。

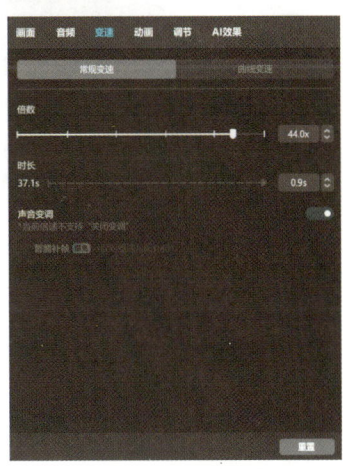

图 1-2-40 设置素材的播放速度

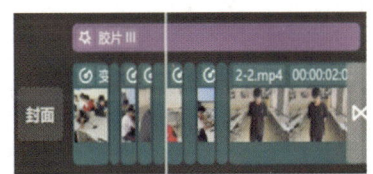

图 1-2-41 添加特效

（5）添加转场

在轨道线上，将光标放在需要添加转场效果的两段素材之间，点击"转场"菜单，选择"叠化转场"，如图 1-2-42 所示。

图 1-2-42 添加转场

（6）自动识别字幕

在刚才制作的时间线上，再次按照相同的顺序添加素材。按住 Ctrl 键不放，利用鼠标左键依次点击，选中第二次添加的视频素材，点击"字幕"→"识别字幕"，如图 1-2-43 所示。点击开始识别，系统会自动生成字幕，如图 1-2-44 所示。

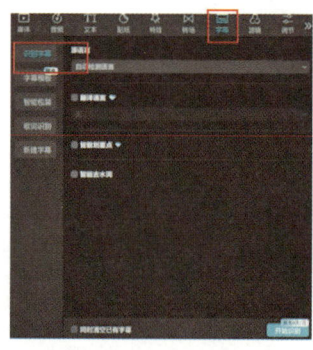 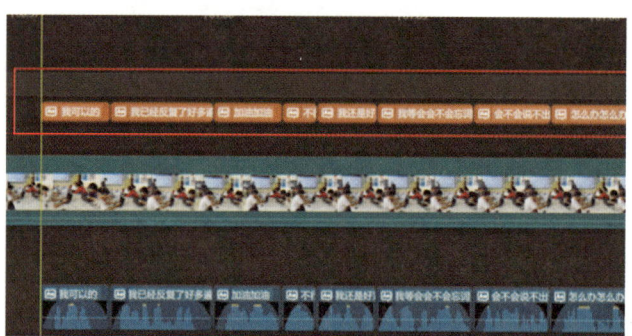

图 1-2-43　字幕设置界面　　　　　图 1-2-44　字幕设置时间轴

（7）添加音乐和声音

点击"音频"菜单，点击"音乐素材"可添加音乐，如图 1-2-45 所示。选择合适的音乐素材，拖到音频轨道，如图 1-2-46 所示。

 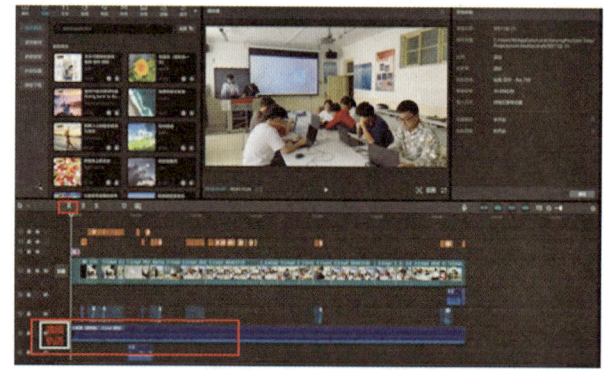

图 1-2-45　音乐设置界面　　　　　图 1-2-46　音频设置时间轴

（8）添加"旁白"字幕并朗读

点击"文本"→"新建文本"，输入脚本中的"旁白"文字，如图 1-2-47 所示。选择字幕文本框，在功能面板中选择"朗读"→"解说小帅"，点击"开始朗读"，如图 1-2-48 所示。

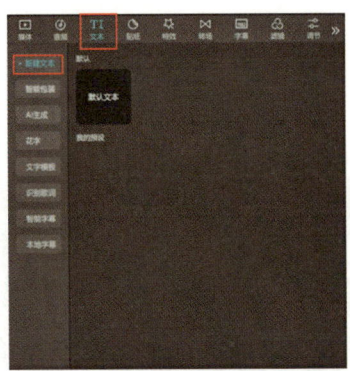 

图 1-2-47 添加"旁白"字幕　　图 1-2-48 朗读设置界面

（9）制作片尾

在菜单栏，点击"媒体"菜单→"本地"，在素材库中增加黑色幕布素材，将其拖拽到时间线视频区域后面，输入结尾文案，如图 1-2-49 所示。

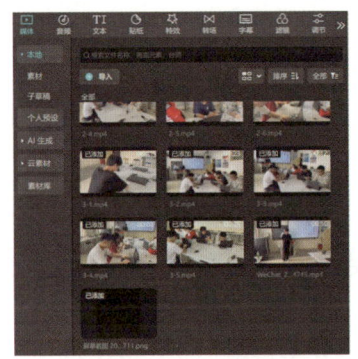 

图 1-2-49 本地素材设置界面

选择文案，在功能面板区，点击"动画"→"打字机 II"，如图 1-2-50 所示。点击"音频"菜单，选择"音效素材"，搜索"打字"，点击第一个打字声，如图 1-2-51 所示。

图 1-2-50 动画设置界面　　图 1-2-51 音效设置界面

(10) 导出视频

视频剪辑完成后，单击"导出"图标，设置视频的格式为 MP4，分辨率为 1080P，单击"导出"按钮，如图 1-2-52 所示。

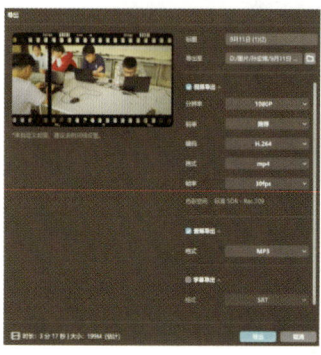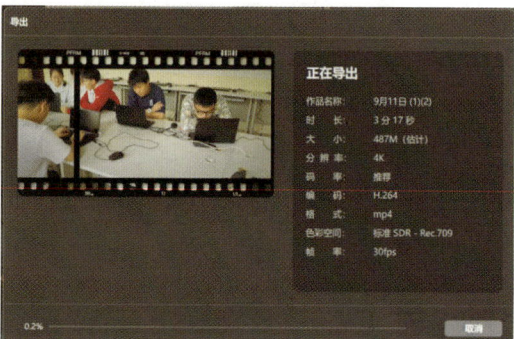

图 1-2-52　导出视频

活动 2：剪辑的技巧和准则

视频剪辑是一项既需要技术又需要创意的工作，短视频剪辑的技巧和准则对于制作出高质量、吸引人的视频至关重要。

（1）剪辑技巧

短视频剪辑因其时长短、节奏快、信息量集中等特点，与电影、电视剧等长视频的剪辑有所不同。关键在于保持观众的注意力，因此在剪辑时需要考虑内容的吸引力、信息的传递效率和观众的观看体验，图 1-2-53 是一些适用于短视频的剪辑技巧。

 使用三个不同的镜头来展现一个场景：全景、中景、特写，以保持视觉多样性。

 确保音频和视频内容的同步，使用音效和背景音乐增强氛围。

 根据内容调整剪辑节奏，快节奏剪辑适用于动态场景，慢节奏剪辑适用于情感或对话场景。

 调整色彩饱和度、对比度和亮度，使视频画面风格统一。

 使用匹配剪辑（Match Cut）技巧，如动作匹配、视线匹配等，使镜头切换更加流畅。

 利用构图、颜色和运动引导观众的视线，突出重要元素。

 适当使用转场效果，如溶解、推拉、滑动等，但不要过度使用，以免分散观众注意力。

 在动作的高点或低点切换镜头，避免在动作中间切换，以保持流畅性。

图 1-2-53　短视频剪辑技巧

（2）剪辑准则

短视频剪辑准则是指在制作短视频时应遵循的一些基本规则，以确保视频内容的质量、吸引力和传播效果。遵循剪辑准则可以帮助创作者制作出更专业、更受欢迎的短视频，从而在社交媒体和视频平台上获得更好的传播效果。图 1-2-54 是一些短视频剪辑的准则。

图 1-2-54　短视频剪辑准则

任务五　运营短视频

活动 1：设计封面

在运营短视频时，一个精心设计的封面可以通过鲜明的画面、生动的色彩和有吸引力的元素来增加点击率与观看量。封面设计的原则如下：

（1）确定主题，选择图片。

（2）导入图片，调整尺寸。

（3）制造层次感与视觉效果。

（4）添加文字，调整文字颜色。

首先，添加视频封面。在剪映专业版的时间线面板上，点击时间线左侧的"封面"图标，进入视频封面设置，如图 1-2-55 所示。点击"视频帧"，选择视频中的一幅画面；或者单击"本地"按钮，自行上传一张图片作为视频的封面，然后点击"去编辑"按钮，如图 1-2-56 所示。

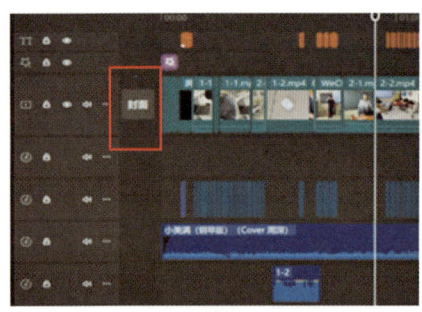 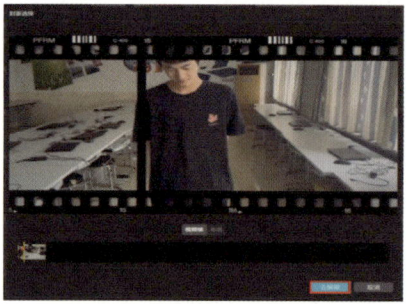

图 1-2-55　添加视频封面设置界面（1）　　图 1-2-56　添加视频封面设置界面（2）

然后，点击"模板"按钮，选择一个封面模板；点击"文本"按钮，添加文字，最后单击"完成设置"按钮，如图 1-2-57 所示。

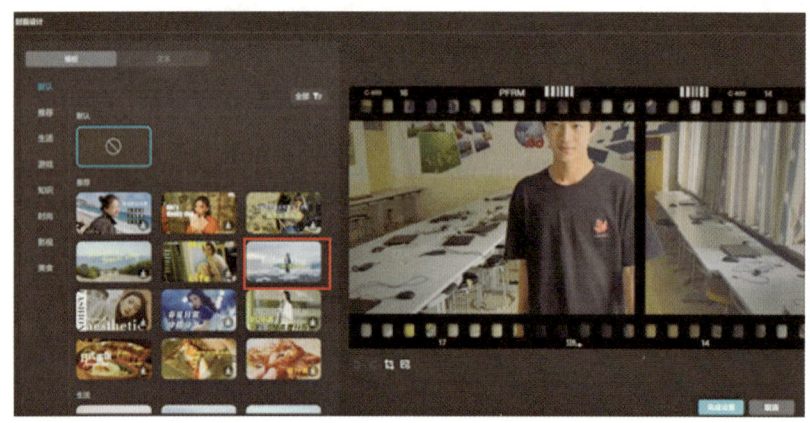

图 1-2-57　封面设计界面

活动 2：发布短视频

在剪映专业版中完成短视频导出后，短视频创作者可以将短视频发布到相应的短视频平台（如抖音）。登录抖音官网，单击"投稿"，进入创作服务中心，如图 1-2-58 所示。

图 1-2-58　创作服务中心界面

单击"发布作品"→"发布视频"，点击"上传"图标，选择短视频文件，或者直接将短视频文件拖入，等待上传完成即可，如图 1-2-59 所示。

图 1-2-59　发布作品界面

我们在发布的时候可以设计一些小的 tips（提示），给作品打上适合的标签，可以帮助我们达到引流的目的。以我们的校园短视频为例，为了明确作品的主题和内容，我们的标签可以打上"# 校园"的标签，也可以设置是否公开，如图 1-2-60 所示。

图 1-2-60　发布视频设置界面

活动 3：数据复盘与优化

借助数据分析工具对数据进行复盘，可清晰了解用户行为和内容表现。数据优化可提升短视频质量和影响力，提高短视频竞争力和市场份额。

（1）数据复盘

以抖音为例，打开抖音页面，依次单击右下角的"我"→右上角的"三横线"→"创作者中心"→"7 日账号数据"后的"详情"，如图 1-2-61 所示，打开"数据中心"页面，如图 1-2-62、图 1-2-63 所示。

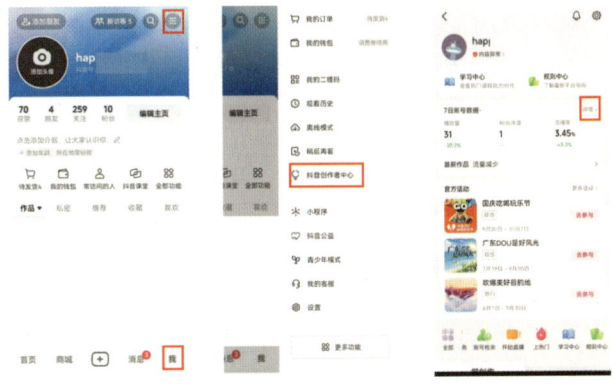

图 1-2-61　打开"数据中心"步骤图

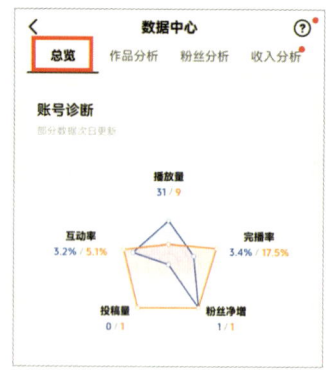 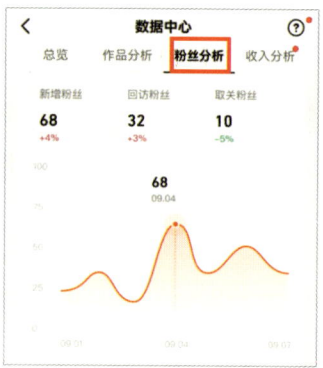

图 1-2-62　数据中心的"总览"和"粉丝分析"界面

图 1-2-63　数据中心的"作品分析"和"总览"界面

（2）数据优化

①数据分析

根据以上数据进行账号及短视频分析，如表 1-2-6 所示。

表 1-2-6　数据分析结果

涨粉慢原因分析	➢ 虽然有个别作品播放量高，但整体涨粉慢，说明作品未能持续吸引观众关注并转化为粉丝。可能是账号内容缺乏连贯性和独特性，无法给观众留下深刻印象，难以激发他们长期关注的欲望。 ➢ 点赞量低于播放量，说明作品虽然被观看，但未能充分打动观众，并让他们产生强烈的认同感去点赞。评论、分享和收藏量低进一步表明作品的互动性和吸引力不足，没有引发观众深入参与和传播的热情。
作品表现分析	➢ 播放量高可能是由于标题、封面具有一定吸引力，或者被平台算法推荐到了较大的流量池中，但点赞、评论、分享和收藏量低，说明内容在引起观众情感共鸣、激发讨论欲望、提供价值等方面存在不足。

②优化建议

优化账号可提升内容质量与互动性，吸引更多观众关注、点赞、评论、分享和收藏，从而实现账号涨粉及提升影响力，为创作者带来更多的机会和价值。根据以上数据的分析，我们需要对本账号进行优化，具体如图 1-2-64 所示。

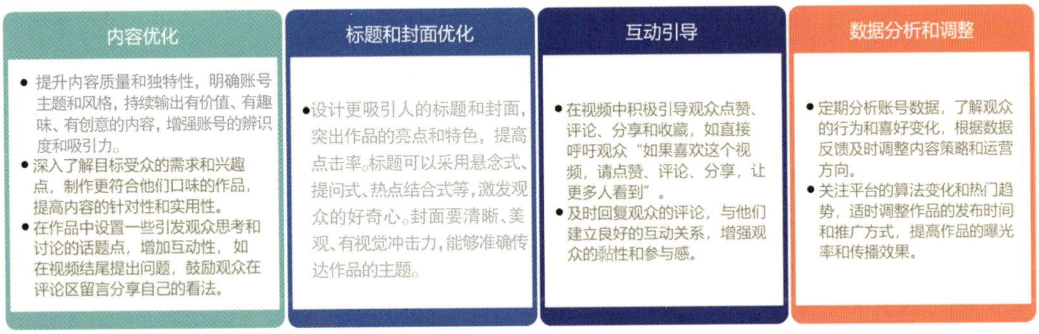

内容优化
- 提升内容质量和独特性，明确账号主题和风格，持续输出有价值、有趣味、有创意的内容，增强账号的辨识度和吸引力。
- 深入了解目标受众的需求和兴趣点，制作更符合他们口味的作品，提高内容的针对性和实用性。
- 在作品中设置一些引发观众思考和讨论的话题点，增加互动性，如在视频结尾提出问题，鼓励观众在评论区留言分享自己的看法。

标题和封面优化
- 设计更吸引人的标题和封面，突出作品的亮点和特色，提高点击率。标题可以采用悬念式、提问式、热点结合式等，激发观众的好奇心。封面要清晰、美观、有视觉冲击力，能够准确传达作品的主题。

互动引导
- 在视频中积极引导观众点赞、评论、分享和收藏，如直接呼吁观众"如果喜欢这个视频，请点赞、评论、分享，让更多人看到"。
- 及时回复观众的评论，与他们建立良好的互动关系，增强观众的黏性和参与感。

数据分析和调整
- 定期分析账号数据，了解观众的行为和喜好变化，根据数据反馈及时调整内容策略和运营方向。
- 关注平台的算法变化和热门趋势，适时调整作品的发布时间和推广方式，提高作品的曝光率和传播效果。

图 1-2-64　优化建议

知识链接

1. 用户画像的含义

用户画像是指将网络中的用户信息标签化，通过对短视频平台用户的各种数据和信息进行收集、整理、分析和挖掘，对用户特征进行模型化。这个模型能够全面地反映用户的属性、兴趣、行为、需求等多个维度。

对于短视频创作者而言，在制作短视频之前通过数据得出用户画像，以此分析用户喜好，挖掘用户需求，能够更便捷地定位短视频类型，实现精准化营销。我们以刚毕业参加工作的青年女性为例，通过对其年龄、性别、家庭情况、职业、业余爱好等进行整合分析后可获得：95 后、热爱网购、喜欢美食、爱穿搭、追剧、消费能力中等的画像。

2. 短视频常用脚本类型

短视频常用脚本类型如表 1-2-7 所示。

表 1-2-7　短视频常用脚本类型

脚本名称	提纲脚本	分镜头脚本	文学脚本
区别	较为简单，只列出主要的场景、情节要点和关键台词，缺乏具体的画面描述和镜头安排	非常详细，明确列出每个镜头的景别、画面内容、台词、时长、音乐音效等信息，对拍摄的指导性强	以文字叙述的方式描述情节发展、人物对话和场景变化等，给出大致的故事框架和关键情节，但没有具体的镜头划分

续表

脚本名称	提纲脚本	分镜头脚本	文学脚本
样式	以条目形式呈现主要内容,例如,场景一:公园,人物相遇;台词:"你好!"	以表格形式呈现,每一行代表一个镜头,例如:| 镜号 | 景别 | 画面内容 | 台词 | 时长 | 音乐音效 |	类似短篇小说的形式,例如:在一个阳光明媚的早晨,主人公来到古老的小镇,开始了一段奇妙的冒险
适用类型	快速构思和简单记录类短视频,如日常Vlog、简单的产品介绍等	剧情类、广告类等对画面质量和制作要求高的短视频	记录生活感悟类、知识讲解类等较为灵活的短视频,允许创作者在拍摄时有一定的发挥空间。剧情类、广告类等对画面质量和制作要求高的短视频

学习评价

1. 学习过程评价

班级:＿＿＿＿＿＿＿＿ 姓名:＿＿＿＿＿＿＿＿ 组别:＿＿＿＿＿＿＿＿

序号	评价内容	等级(权重)				自评 30%	小组评 30%	教师评 40%
		优秀	良好	合格	需努力			
1	遇到问题,能通过请教老师、同伴和互联网检索等途径自主学习	5	4	3	2			
2	能够树立正确的价值观,遵循法律法规,传播正能量,抵制低俗、暴力等不良内容	5	4	3	2			
3	合理制订工作计划,在规定时间内完成任务	5	4	3	2			
4	具有团队协作意识,学会与他人分享、交流,共同提高短视频制作和运营水平	5	4	3	2			
5	能遵守实训室规章制度,不迟到、不早退	5	4	3	2			
6	能在交流中勇于发表意见、提出疑惑,乐于帮助他人学习	5	4	3	2			
各项分数:								
总 分:								
我的自评:								
组内评语:								
教师评语:								

2. 理论考试（扫描二维码完成题目）

理论考试

3. 成果评价

班级：_____ 姓名：_____ 组别：_____

<table>
<tr><th rowspan="2">考核指标</th><th colspan="4">等级（权重）</th><th rowspan="2">自评
20%</th><th rowspan="2">小组评
20%</th><th rowspan="2">教师评
30%</th><th rowspan="2">企业导师评
30%</th></tr>
<tr><th>优秀</th><th>良好</th><th>合格</th><th>需努力</th></tr>
<tr><td rowspan="6">主观评价</td></tr>
<tr><td>能够说出团队成员的职责和职能</td><td>5</td><td>4</td><td>3</td><td>2</td><td></td><td></td><td></td><td></td></tr>
<tr><td>能够识记与短视频相关的专有名词</td><td>5</td><td>4</td><td>3</td><td>2</td><td></td><td></td><td></td><td></td></tr>
<tr><td>能够说出短视频拍摄器材的类型及特点</td><td>5</td><td>4</td><td>3</td><td>2</td><td></td><td></td><td></td><td></td></tr>
<tr><td>能够说出常见的景别、构图和运镜方式</td><td>5</td><td>4</td><td>3</td><td>2</td><td></td><td></td><td></td><td></td></tr>
<tr><td>能够初步使用剪映剪辑短视频</td><td>5</td><td>4</td><td>3</td><td>2</td><td></td><td></td><td></td><td></td></tr>
<tr><td colspan="1">能够初步利用抖音后台数据分析短视频，进行复盘与优化</td><td>5</td><td>4</td><td>3</td><td>2</td><td></td><td></td><td></td><td></td></tr>
<tr><td rowspan="5">客观评价</td><td>文件命名符合规范</td><td>5</td><td>4</td><td>3</td><td>2</td><td></td><td></td><td></td><td></td></tr>
<tr><td>成片素材选择和运用与主题相符</td><td>5</td><td>4</td><td>3</td><td>2</td><td></td><td></td><td></td><td></td></tr>
<tr><td>短片风格统一、画面明暗统一、色调统一</td><td>5</td><td>4</td><td>3</td><td>2</td><td></td><td></td><td></td><td></td></tr>
<tr><td>视频有配乐，与背景音乐协调</td><td>5</td><td>4</td><td>3</td><td>2</td><td></td><td></td><td></td><td></td></tr>
<tr><td>字幕清晰规范，无错别字</td><td>5</td><td>4</td><td>3</td><td>2</td><td></td><td></td><td></td><td></td></tr>
<tr><td colspan="5">各项总分：</td><td></td><td></td><td></td><td></td></tr>
<tr><td colspan="5">总　　分：</td><td colspan="4"></td></tr>
<tr><td colspan="9">我的自评：</td></tr>
<tr><td colspan="9">组内评语：</td></tr>
<tr><td colspan="9">教师评语：</td></tr>
</table>

项目小结

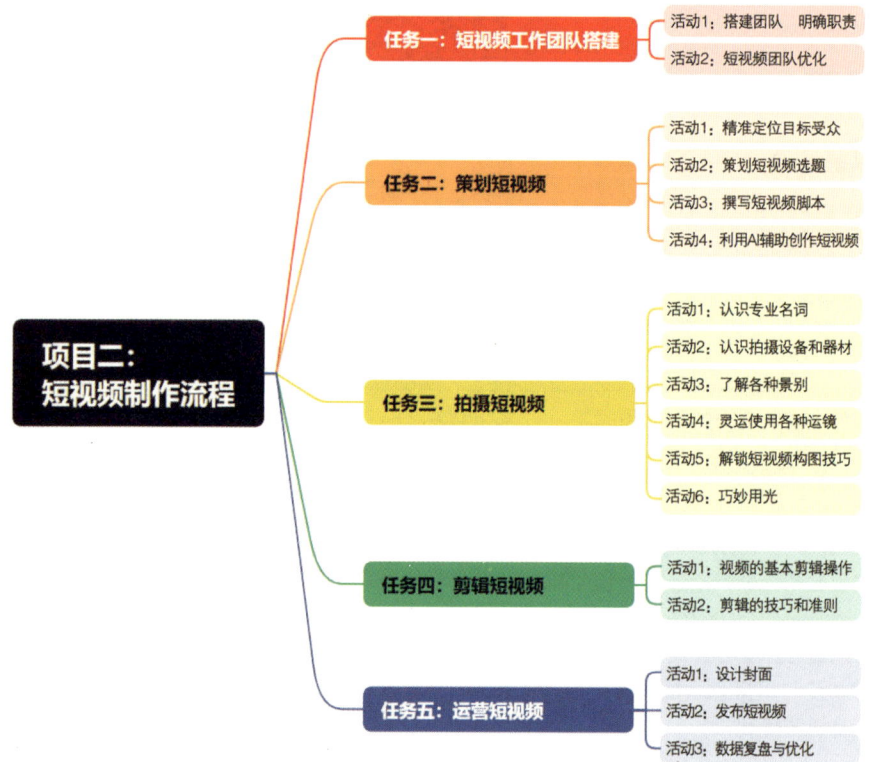

图 1-2-65 短视频制作流程的思维导图

项目拓展练习

➤ 选取不同的视角制作"校园随拍"短视频

四人一组，按照以下要求到校园中拍摄几段视频素材，然后将其剪辑为短视频发布到抖音平台。

（1）用手机横屏拍摄，让搭档出镜，并根据自己的策划，要求搭档配合表演相应动作。

（2）运用跟镜头全景拍摄搭档在校园观景的画面。

（3）运用推镜头拍摄从全景到特写的搭档走向花丛，手捧花朵的画面。

（4）运用空镜头拍摄 3 段校园风景画面。

（5）使用移镜头、中景拍摄搭档驻足欣赏美景的画面。

（6）使用剪映导入手机中的视频素材，剪辑画面内容，控制时长在 30 秒以内。

（7）为视频添加滤镜效果。

（8）分离短视频的音频并删除，然后为短视频添加合适的背景音乐。

（9）将短视频发布到抖音平台，设置标题和封面，并添加话题。

模块二

实战篇

● 模块综述

短视频制作是一个涉及多个环节的复杂过程，要求创作者具备一定的创意策划、拍摄制作和后期处理能力。随着短视频平台的快速发展，短视频制作已成为一种新兴职业，为广大创作者提供了广阔的发展空间。

模块二为实战篇，主要通过IP（知识产权）切片短视频、书籍实物拍摄短视频、旅行Vlog短视频和情景类短视频的制作，使学习者掌握短视频的策划、拍摄、剪辑流程和数据复盘、优化的方法。

表 2-0-1　学时分配

序列	项目	任务	学时分配
1	项目一：制作IP切片短视频	任务一：了解IP切片短视频 任务二：策划IP切片短视频 任务三：搜集IP切片短视频素材 任务四：使用快影App剪辑短视频 任务五：数据复盘与优化	10
2	项目二：制作书籍实物拍摄短视频	任务一：借鉴优质账号　明确定位 任务二：策划书籍实物拍摄短视频 任务三：拍摄短视频素材 任务四：使用剪映电脑版剪辑短视频 任务五：数据复盘与优化	12
3	项目三：制作旅行Vlog短视频	任务一：借鉴优质账号　明确定位 任务二：策划旅行Vlog短视频 任务三：获取优质的短视频素材 任务四：使用"爱拍剪辑"电脑版剪辑短视频 任务五：数据复盘与优化	16
4	项目四：制作情景类短视频	任务一：借鉴优质账号　明确定位 任务二：策划情景类短视频 任务三：拍摄情景类短视频 任务四：利用Adobe Premiere Pro剪辑短视频 任务五：数据复盘与优化	16

● 岗课赛证要求

表 2-0-2　岗课赛证要求

职业岗位要求	专业学习要求	技能竞赛要求	职业技能等级证书
能够根据主题和目标受众，设计短视频的策划书，包括框架设计、创意构思和表达方式； 掌握视频拍摄、剪辑、音效处理、特效制作等技术； 在制作过程中，需要有良好的分工协作和统筹执行能力； 能够不断提出新颖的创意，以吸引和保持观众的兴趣。	新闻传播学：了解传媒行业的运作规律和传播技巧； 影视制作：学习视频拍摄、剪辑、后期制作等技能； 数字媒体：掌握数字媒体技术和工具的使用； 创意写作：提高文案创作和脚本编写能力。	具备策划书编制、素材管理、影视编辑、音画合成、制作反思和自主创意策划与制作的能力； 注重技术和艺术的结合。	新媒体策划师 全媒体运营师 网络营销师

● 知识、能力图谱

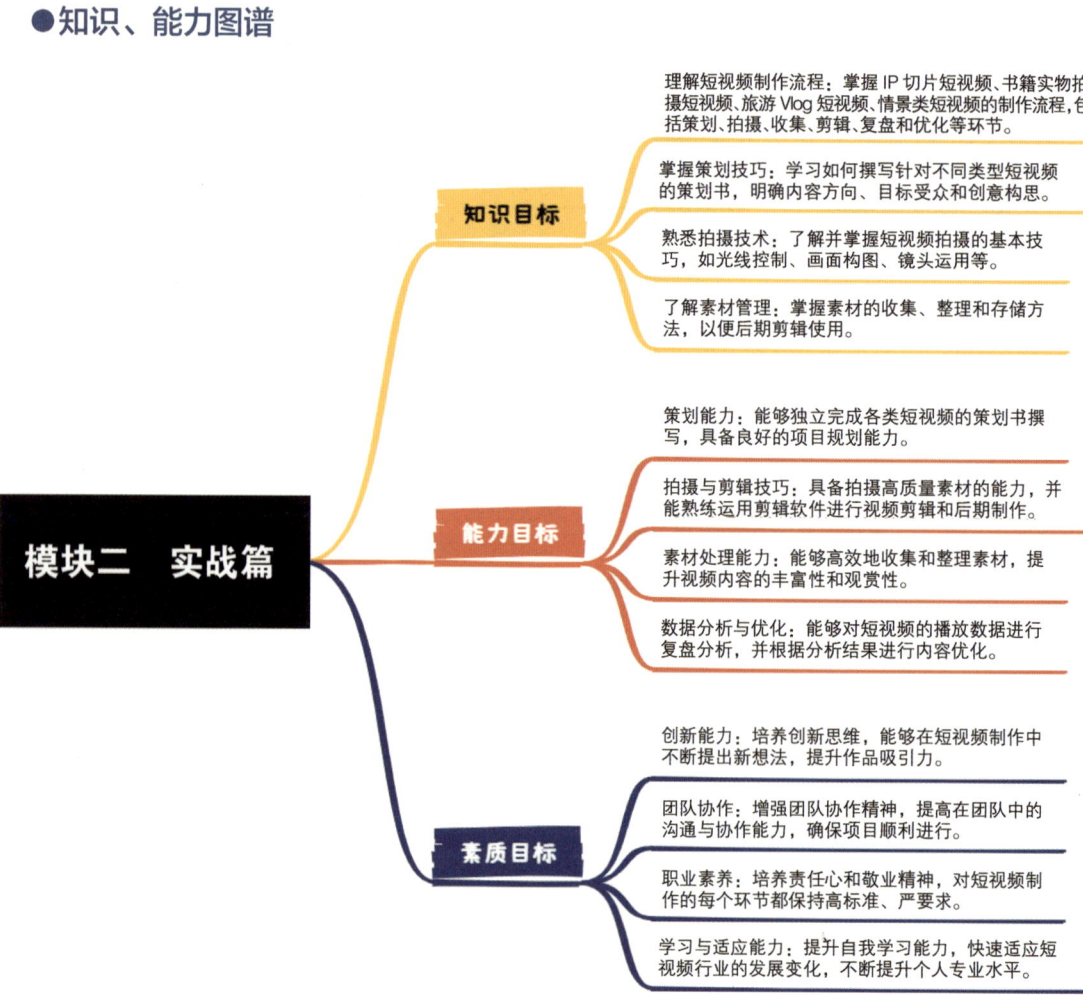

图 2-0-1　实战篇的知识、能力图谱

项目一 制作 IP 切片短视频

（10 课时）

▶ 设计主题

IP 切片短视频的制作

▶ 视频达人

王×××，是国内网络红人，以幽默搞笑的短视频内容闻名，风格独特，善于利用反差和真实感吸引观众，引发共鸣。他还建立了 IP 直播切片矩阵账号，他的团队运营多个相关账号，发布直播间爆款带货视频，实现高效带货。这种模式主要在抖音、快手、微信视频号等平台上进行。它的核心运作方式是一个人开通一个具有橱窗功能的社交媒体账号，然后上传剪辑加工过的带货主播的直播片段，并上架对应的商品。通过这种方式，利用主播的 IP 影响力和现成的产品介绍来销售商品，从而赚取佣金。

▶ 三维目标

知识目标

- 能够描述 IP 切片短视频的含义及其授权流程。
- 能够列举 IP 切片短视频文案策划的基本原则和方法。
- 能够概述"智谱清言"智能助手的功能和应用场景。
- 能够说出截取直播片段制作产品宣传短视频的素材选取原则和剪辑技巧。
- 能够阐述"快影"和"飞瓜数据"的基本功能和使用方法。

能力目标

- 能够独立策划和撰写 IP 切片短视频文案，提高内容创作能力。

- 能够灵活运用"智谱清言"智能助手辅助撰写文案、分镜头脚本，提高工作效率。
- 能够运用"快影"进行视频剪辑、制作和分享，提高视频制作技能。
- 能够根据 IP 切片短视频的素材选取原则，独立完成产品宣传短视频的制作。
- 能够运用"飞瓜数据"进行短视频数据分析，优化内容策略。

素质目标

- 树立版权意识，尊重他人的知识产权，遵守相关法律法规。
- 培养创新思维和审美能力，提高内容创作的质量和吸引力。
- 培养团队协作能力，善于与他人沟通、分享和交流。
- 培养敏锐的市场洞察力，把握行业动态，为内容创作提供方向。
- 树立正确的价值观，通过内容创作传播正能量，为社会贡献力量。

项目任务书

项目名称：制作 IP 切片短视频

1. 项目背景

随着移动互联网的快速发展，短视频已成为大众获取信息、娱乐休闲的重要途径。IP 切片短视频凭借其独特的创意、精彩的片段、高效的传播等特点，受到广大用户的喜爱。为了有效利用短视频平台的营销潜力，公司在有限的预算内，计划开展 IP 切片短视频制作与推广项目。本项目将利用已获得的 IP 免费授权，通过精简高效的团队运作，实现品牌推广和销售目标。

2. 项目目标

（1）提升品牌在短视频平台的曝光度。
（2）增加用户对品牌的好感和互动。
（3）在预算内实现销售转化。

3. 项目内容

（1）IP 授权获取：已获得免费授权。
（2）素材筛选：从授权 IP 中挑选适合的片段进行剪辑。
（3）视频制作：内部团队负责视频的剪辑和后期处理。

（4）账号运营：管理短视频平台账号，定期发布内容。

（5）低成本推广：利用现有资源进行推广，包括社交媒体和合作伙伴渠道。

（6）带货销售：在视频中加入商品链接，促进销售。

4. 项目时间表

（1）获取 IP 授权，项目启动，团队分工，账号搭建：1 课时

（2）方案制订，素材筛选与拍摄：3 课时

（3）视频制作，账号运营准备：3 课时

（4）发布视频，开始推广活动：1 课时

（5）监控数据，调整推广策略：1 课时

（6）项目总结，评估与反馈：1 课时

5. 项目团队

（1）项目经理：负责项目整体规划和执行。

（2）内容策划：负责素材筛选、拍摄和视频制作。

（3）视频编辑：负责视频剪辑和后期制作。

（4）运营推广：负责账号管理和推广活动。

（5）销售跟踪：负责商品链接的添加和销售数据跟踪。

6. 项目预算

（1）IP 授权费用：已获得免费授权。

（2）素材筛选和拍摄费用：内部团队搜集与制作，不需要额外费用。

（3）视频制作费用：内部团队制作，不需要额外费用。

（4）推广费用：低成本推广渠道（有少量费用投入）。

7. 项目风险与应对措施

（1）IP 授权风险：已获得商家免费授权，并签订了协议。

（2）视频内容缺乏吸引力：加强内容策划，确保视频内容新颖且符合目标受众喜好。

（3）推广效果不佳：利用团队成员的个人网络资源，多元化推广。

8. 项目评估

（1）评估指标：视频播放量、点赞量、分享量、销售转化率等。

（2）评估方式：通过数据分析软件，实时监控并评估项目效果。

（3）评估周期：每周进行一次评估，项目结束后进行整体评估。

本项目在严格控制预算的前提下，通过高效的团队合作和精心的内容制作，旨在实现品牌推广和销售目标。

> 任务实施

任务一　了解 IP 切片短视频

活动1：了解 IP 切片短视频的含义

IP 切片短视频是指将某个 IP（Intellectual Property，知识产权）内容，如电影、电视剧、动漫、综艺节目、直播等，进行剪辑、编辑，形成的一系列短视频。这些短视频通常聚焦于原内容中的精彩片段、高潮部分或者富有特色的元素，通过在社交媒体、视频平台等渠道进行传播，达到宣传推广、吸引观众、增加原作影响力的目的。图 2-1-1 是 IP 切片短视频的几个关键点。

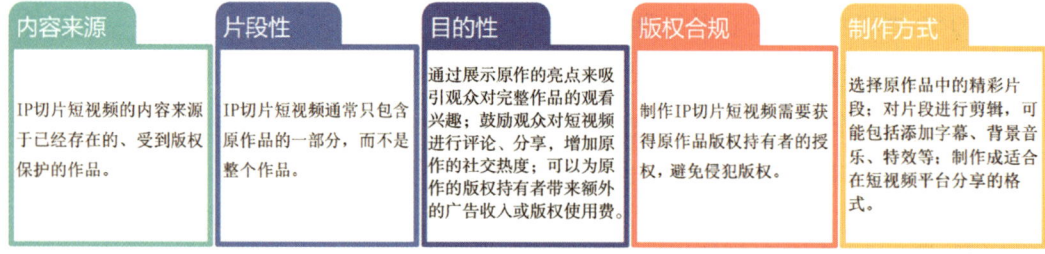

图 2-1-1　IP 切片短视频的关键点

IP 切片短视频在当今数字媒体环境中非常流行，为内容创作者和版权持有者提供了一种新的方式来吸引观众与推广作品。这种形式的内容制作和分享需要遵守相关的法律法规，确保不侵犯他人的知识产权。这一领域中有一些典型人物和视频达人，这些人物通过直播切片的方式，将自己的直播内容剪辑成短视频，然后在社交媒体平台上发布，利用他们的 IP 影响力和产品介绍来推广商品，并通过这种方式赚取佣金。

总的来说，IP 切片短视频是一种利用网红和明星的影响力来推广商品的商业模式，品牌授权第三方账号使用他们的直播内容，之后，这些账号将直播内容剪辑成短视频并在社交媒体平台上发布，从而吸引观众并推动商品销售。

活动 2：了解获取 IP 切片短视频授权的流程

了解获取 IP 切片短视频授权的流程对于内容创作者、使用者、平台运营者以及整个社会都具有重要的意义，具体流程如图 2-1-2 所示。

图 2-1-2　获取 IP 切片短视频授权的流程

（1）联系内容创作者：首先，你需要与原始内容的创作者（直播达人）取得联系。这通常可以通过他们的社交媒体账号、官方网站或通过他们的经纪人和管理团队进行。

（2）提出授权请求：明确你希望获得授权的内容类型和使用目的。你需要说明你打算如何使用这些切片视频，如用于再分发、广告、教育或其他商业目的。

（3）签订授权协议：如果内容创作者同意你的请求，你们需要签订一份授权协议。这份协议应详细说明授权的范围、使用期限、可能的版权费用、双方的权益和责任等。

（4）遵守协议条款：在获得授权后，你必须严格遵守授权协议中的条款。这可能包括对视频的使用限制、必须附加的版权声明、对原始内容的引用等。

（5）支付版权费用：根据协议，你可能需要向内容创作者支付一定的版权费用。这些费用可能是固定的，也可能是基于视频观看量或收益的分成。

在授权期间，保持与内容创作者的沟通，确保任何后续的使用或变更都符合双方协议的规定。需要注意的是，每个内容创作者和平台可能有不同的授权流程与要求，因此，在申请授权时，务必详细阅读并理解相关的条款和条件。此外，未经授权使用他人内容可能侵犯版权，导致法律纠纷和财务损失。

> **小贴士**
>
> 了解相关的版权法律知识，确保授权流程合法合规。在签订授权协议前，最好由专业律师进行审查，避免潜在的法律风险。保存所有与授权相关的文档，包括通信记录、授权协议等，以备不时之需。

活动 3：搜集同类短视频的相关数据

通过搜集优质的同类账号数据，了解其目标群体、观众偏好、视频风格、剪辑节奏和互动情况等。表 2-1-1 是抖音账号"我是桃子呀"和它的矩阵账号（截止到 2024 年 8 月 24 日）的相关信息，供大家参考学习。

表 2-1-1 "我是桃子呀"账号基础信息

账号基本信息	账号名称：我是桃子呀 性别：女；地区：杭州 年龄：27 岁；内容分类：美食	直播活动	直播内容：包括互联网饭搭子、记录快乐等主题 直播频率：活跃，近 30 天进行了多次直播
粉丝数据	粉丝总数：大约 610 万 粉丝来源：主要来自抖音平台，占总粉丝数的 99.80%	内容风格	以美食为主题，结合日常生活和趣味元素
内容创作与互动情况	作品总数：119 个 飞瓜指数：1138.7 巨量星图指数：76.8 总点赞数：6737 万 平均点赞数：56.6 万 平均评论数：6814 平均分享数：4.1 万	近期数据趋势	近 7 天的粉丝增量：18.1 万 近 7 天的新增点赞数：551.2 万 近 7 天的新增评论数：40.0 万 近 7 天的新增转发数：240.1 万 近 7 天的新增直播场次：65 次
目标受众	以年轻、对美食感兴趣的用户为主	账号活跃度和影响力	在最近一周内，账号的排名打败了 97.95% 的博主，显示出较高的活跃度和影响力

表 2-1-2 是抖音账号"我是桃子呀"IP 矩阵账号"我是桃子呀直播超市"发布的有关"蛋黄酥"的短视频分析数据。

表 2-1-2 "蛋黄酥"短视频分析数据

账号名称	我是桃子呀直播超市	内容主题	蛋黄酥全新升级！100% 安佳黄油和咸蛋黄，三种口味都更惊艳、更好吃！
发布平台	抖音	视频时长	33 秒
目标群体	主要是 24～30 岁喜欢美食的女性群体		
风格	内容以清流般的吃播为主。与其他吃播博主相比，她的视频内容虽没有过多的花哨元素，但却积攒了一群黏性极高的粉丝。吃播内容真实、自然，容易与观众产生共鸣。		
剪辑节奏	视频剪辑注重内容的连贯性和真实性，而不是注重过度的编辑和特效。		
互动情况	点赞：591，评论：111，收藏：176，转发：258，销售额：1 万～2.5 万，销量：500～700。"我是桃子呀"与粉丝的互动非常频繁。她的粉丝群体主要是女性，占比高达 96%，且大多数年龄在 20 岁到 35 岁之间。这些粉丝群体包括在校大学生、职场白领、宝妈等，她们对"我是桃子呀"有着极高的信任和黏性。因此，在其 IP 矩阵账号"我是桃子呀直播超市"的直播中，粉丝会根据她的推荐购买产品，甚至会在评论区留言要求上链接，显示出极高的互动性和信任度。		

活动 4：提炼爆款要素 洞察竞品数据

通过分析 IP 矩阵账号短视频，提炼爆款要素，洞察竞品数据，将其转化为自身可用的知识和技能。表 2-1-3 是针对抖音账号"我是桃子呀"进行的各方面的分析。

表 2-1-3 "我是桃子呀"账号爆款要素

列出你认为可以借鉴的元素，如视频的风格、内容、定位、互动等	
独特的风格	"我是桃子呀"的短视频风格与其他吃播博主有所不同。她的内容更加真实、自然，没有过多的修饰，这种清新的风格在众多吃播内容中显得独特，容易吸引观众的注意。
内容质量	"我是桃子呀"的视频内容质量较高，无论是食物的选择、拍摄手法还是后期剪辑，都能看出创作者非常用心。高质量的内容更容易获得观众的认可和分享。
情感共鸣	"我是桃子呀"的视频能够与观众产生情感共鸣。她的吃播不仅是简单的食物展示，更包含了对食物的热爱和生活态度的分享，这种情感层面的交流增强了观众的黏性。
目标群体的精准定位	"我是桃子呀"的内容主要针对 20 岁到 35 岁的女性群体，这个群体对美食和生活方式有较高的关注度与消费能力。通过精准定位，她能够更好地满足目标群体的需求。
高互动性	"我是桃子呀"与粉丝的互动非常频繁，这种互动不仅限于视频内容，还包括直播和社交媒体上的交流。高互动性有助于建立粉丝社群，提高粉丝的忠诚度。
市场趋势	吃播内容近年来在短视频平台上非常受欢迎，"我是桃子呀"正好赶上了这一趋势。她的内容满足了市场上对美食内容的需求。
个人魅力	"我是桃子呀"博主自身的魅力也是其视频爆火的重要因素。她的个性、表达方式以及对待食物的态度都能够吸引观众。
推广和运营	除了内容本身，有效的推广和运营策略也是其成功的关键。这包括与其他博主的合作、利用抖音平台的推广工具以及适时的话题参与等。

任务二 策划 IP 切片短视频

活动 1：策划选题，撰写文案

现在越来越多的视频达人吸引普通人创建 IP 切片短视频矩阵账号，以帮助他们构建更稳固的网络影响力，提升内容创作的专业水平，并探索更多的商业可能性。本活动旨在通过策划 IP 切片短视频文案，提升内容吸引力，强化品牌形象，促进用户互动和内容传播，实现商业价值。以下是"萨其马"[①]IP 切片短视频创作文案示例，如表 2-1-4 所示。

---
① 视频中的产品名称为沙琪玛，萨其马为规范用法，下同。

表 2-1-4 "萨其马" IP 切片短视频创作文案示例

标题	萨其马，甜蜜传承的经典美味
创作主题	**创作主题**：萨其马的诱惑与购买推荐。 **创作背景**：在现代生活中，美食的魅力不减，通过展示萨其马的配料和美味，刺激消费者的购买欲望。 **创作目的**：1. 提升萨其马产品的市场吸引力； 2. 通过直播互动增加产品销量； 3. 提升品牌形象和客户忠诚度。
创意阐述	**类型和定位**：营销推广类短视频，面向对美食有高购买欲望的消费者。 **热点助力**：结合节日促销或限时优惠活动，提升视频的时效性和吸引力。通过展示萨其马的美味和原料，传达萨其马的魅力和手工艺的温暖。
内容概述	**开　　场**：镜头快速切换展示萨其马的诱人画面，配合动感的背景音乐，吸引观众的注意力。 **产品介绍**：主播在直播片段中介绍萨其马的独特之处，强调原料纯净和产品美味。 **原料展示**：展示高品质原料，突出产品的优质和健康。 **直播互动**：插入直播片段，主播与观众互动，回答关于萨其马的问题，增加参与感。 **成品展示**：成品萨其马在精美的包装中展示，主播在直播中品尝并分享感受，强调产品的诱惑力。 **促销信息**：展示限时优惠或节日促销信息，鼓励观众下单购买。 **结　　尾**：主播在直播中呼吁观众关注并下单，提供便捷的购买链接。
画面表现	**画面风格**：采用鲜亮色调，突出美食的诱人外观，同时在直播片段中使用温馨的背景，增加亲切感。 **表现手法**：通过特写镜头展示萨其马的细节，直播互动增加观众的参与感和信任度。 **剪辑技巧**：使用快节奏的剪辑手法，配合动感的背景音乐，营造购买的氛围。

活动 2：利用"智谱清言"辅助撰写分镜头脚本

为了提升产品的曝光度和吸引力，我们需要将精心策划的产品推广文案转化为生动、有趣的短视频脚本，目的是确保视频制作过程的顺利进行，提高工作效率，控制成本，同时保证视频内容的创意和风格的一致性。如今，AI 技术在内容创作中得到了广泛的应用，读者可以尝试利用"智谱清言"根据活动 1 的短视频文案，辅助生成高质量的短视频脚本，具体操作步骤如下。

（1）前期准备

①确定脚本主题为"萨其马，甜蜜传承的经典美味"，为分镜头脚本创作提供方向。

②在智谱清言官网（http://www.zhipuqingyan.com/）下载适合操作系统的版本，并完成安装。

③使用微信或手机号登录智谱清言，启动软件，初始界面如图 2-1-3 所示。

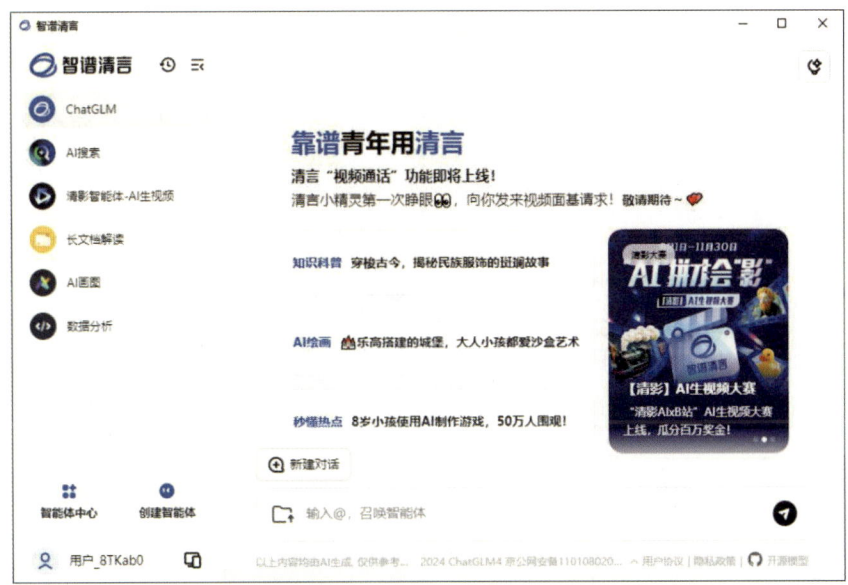

图 2-1-3 "智谱清言"的初始界面

（2）撰写分镜头脚本

①将活动 1 策划文案表格中内容概述的文本粘贴到对话框中，按 Shift+Enter 换行，输入如下提示词：请根据以上文案，帮我撰写一份题为"萨其马，甜蜜传承的经典美味"的短视频分镜头脚本，脚本内容包括镜号、景别、时长、运镜方式、画面内容、音乐效果、画面构图，以表格的形式呈现。画面包括主播吃播、展示萨其马的镜头以及一些产品原材料和细节的展示画面，如图 2-1-4 所示。

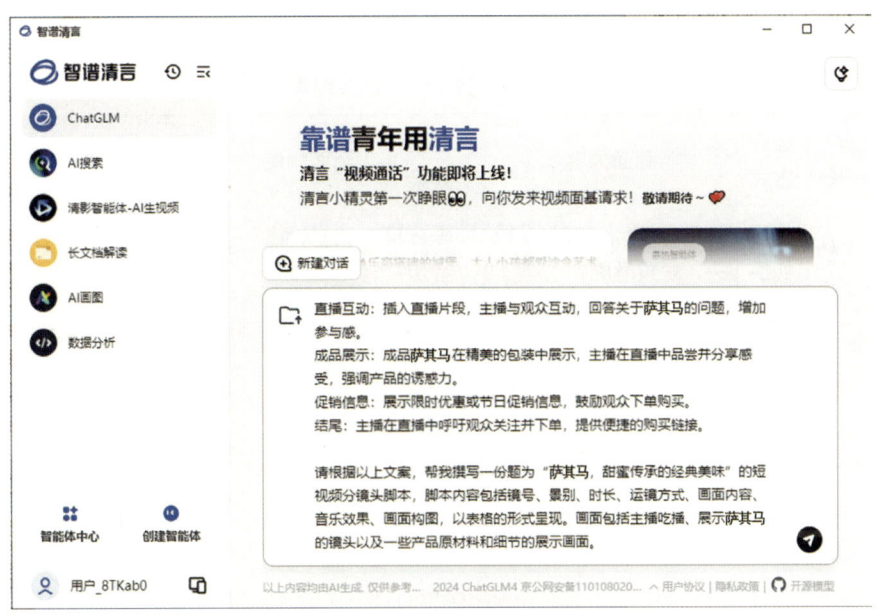

图 2-1-4 提示词撰写界面

②点击"发送"按钮，第一次生成的分镜头脚本如图 2-1-5 所示。

③检查脚本内容，如果对内容不满意，我们可以继续输入提示词，对分镜头脚本进行调整。例如，想让 AI 生成对白内容，我们可以这样写："根据以上内容，每个镜头帮我加上相应的对白，表格多加一列对白的内容。"第二次生成的分镜头脚本如图 2-1-6 所示。

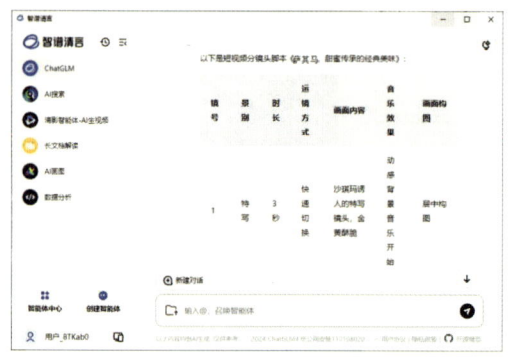
图 2-1-5　第一次生成的分镜头脚本

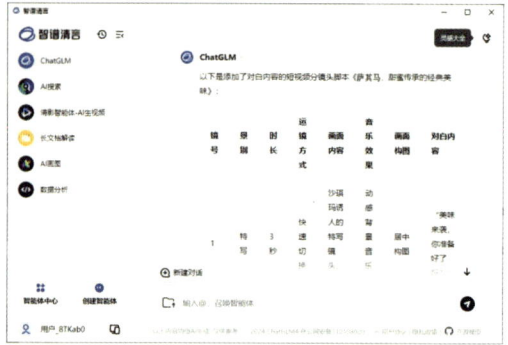
图 2-1-6　第二次生成的分镜头脚本

④点击复制按钮，将生成的脚本带格式粘贴到 Word 中，以便后续手动修改。

（3）后期完善

①检查分镜头脚本：仔细检查导出的分镜头脚本，确保内容无误。

②修改与完善：根据实际情况，对分镜头脚本进行修改和完善。

③分享与合作：将分镜头脚本分享给团队成员，进行沟通、讨论，进一步优化脚本内容。

整理后的完整分镜头脚本内容如表 2-1-5 所示。

表 2-1-5　完善的分镜头脚本

镜号	景别	时长	运镜方式	画面内容	音乐效果	画面构图	对白内容
1	特写	3秒	快速切换	萨其马诱人的特写镜头，金黄酥脆	动感背景音乐	居中构图	美味来袭，你准备好了吗？
2	中景	5秒	平稳推进	主播在直播中介绍萨其马	音乐渐弱	后面主播，前面产品	大家好，今天我要给大家介绍的是我们传统的美味——萨其马。
3	特写	4秒	静态	展示高品质原料，如面粉、鸡蛋、葡萄干等	动感音乐	中心构图	看这纯净的原料，每一份都是精挑细选。
4	中景	6秒	平稳推进	主播与观众互动，回答问题	轻快的旋律	后面主播，下方评论	是的，我们用的都是最优质的原料，软糯拉丝，甜而不腻。
5	特写	3秒	静态	萨其马的细节展示	短暂的赞叹声	井字构图	你能看到里面的每一层，都是那么的酥脆可口。

续表

镜号	景别	时长	运镜方式	画面内容	音乐效果	画面构图	对白内容
6	近景	4秒	平稳	主播咬下一口萨其马，享受的表情	短暂的咀嚼声	中心构图	嗯，这味道太棒了，酥酥的，甜而不腻。
7	特写	5秒	静止	萨其马在主播口中，展示其美味的瞬间	活泼的音乐	对角线构图	每一口都是满满的幸福感，这就是萨其马的魅力。
8	特写	4秒	静态	展示限时优惠或节日促销信息	音乐节奏感强烈	居中构图	限时优惠，快来抢购吧！
9	全景	8秒	拉远	主播呼吁观众关注并下单，展示购买链接	音乐达到高潮	后面主播，下方购买链接	喜欢的朋友们，快来关注我们，点击链接，把美味带回家！

以上是一个利用"智谱清言"辅助撰写分镜头脚本的示例，实际创作时可根据具体情况调整时长、运镜和画面构图等元素，也可以根据实际拍摄条件和个人创意进行优化。

小贴士

AI仅仅是一个辅助工具，它无法企及人类思维的深度与广度。身为短视频内容创作者，我们应坚守自身的创意理念，发挥独特思维，不断推陈出新。合理利用AI的高效性、数据处理能力，为创作提供有力支持，提高工作效率。在利用AI的同时，要发挥自身的主观能动性，结合个人经验和洞察力，为作品注入独特魅力。在AI的帮助下，挖掘更多创作灵感，同时传承人类优秀文化的精髓，使作品更具价值。在确保内容质量的前提下，适度利用AI，避免过度依赖，保持创作者的核心竞争力。随着AI技术的更新迭代，我们要不断学习，掌握新的技能，与AI共同成长。

任务三　搜集IP切片短视频素材

活动1：了解IP切片短视频素材选取策略

截取直播片段制作产品宣传短视频的策略主要包括选择关键场景、剪辑精准、突出产品特点、创意表现、简洁明了、版权合规、互动引导、发布策略和数据分析，具体如图2-1-7所示。

选择关键场景	剪辑精准	突出产品特点	创意表现	简洁明了
挑选直播中与产品相关的关键场景，这些场景应该能够最直接地展示产品的特点和优势。	对直播片段进行精准剪辑，确保产品在视频中的展示时间充足，且画面清晰，能够吸引观众的注意力。	通过剪辑和后期制作，突出产品的独特卖点和优势，让观众在短时间内了解产品的核心价值。	在视频制作中加入创意元素，如特效、动画、对比展示等，以增强视频的吸引力和说服力。	保持视频内容的简洁明了，避免冗长和复杂，确保观众能够快速理解视频传达的信息。

版权合规	互动引导	发布策略	数据分析
确保使用的直播片段和添加的素材都符合版权规定，避免侵权问题。	在视频中加入互动元素，如提问、投票、评论区引导等，以增加观众的参与度和传播力。	根据目标受众和平台特性，确定合适的发布时间和频率，提高视频的曝光度和传播效果。	发布后，利用平台提供的数据分析工具，监控视频的表现，根据数据反馈调整内容策略。

图 2-1-7 制作宣传短视频的策略

通过以上策略，创作者可以制作出高质量、有吸引力的产品宣传短视频，提升产品的知名度和销量。

活动 2：根据策划搜集 IP 切片短视频素材

IP 切片短视频素材主要包括直播片段（如图 2-1-8 所示）、产品细节展示（如图 2-1-9 所示）、产品原料展示（如图 2-1-10 所示）、背景音乐、解说词等。

图 2-1-8　直播片段截图　　图 2-1-9　产品细节展示　　图 2-1-10　产品原料展示

首先，观看直播回放，截取精彩直播片段，再根据脚本对内容进行筛选。

其次，搜集原始素材，如产品原料展示、产品细节展示、制作过程等视频素材。为了提高视频的原创度，我们还可以自主拍摄一些产品展示、吃播推荐的画面。

最后，根据分镜头脚本查找背景音乐、音效，并进行配音。

任务四　使用快影 App 剪辑短视频

活动1：整理文案

根据任务二撰写的分镜头脚本里的对白内容，整理文案如下：

- 美味来袭，你准备好了吗？
- 大家好，今天我要给大家介绍的是我们传统的美味——萨其马。
- 看这纯净的原料，每一份都是精挑细选。
- 是的，我们用的都是最优质的原料，软糯拉丝，甜而不腻。
- 你能看到里面的每一层，都是那么的酥脆可口。
- 嗯，这味道太棒了，酥酥的，甜而不腻。
- 每一口都是满满的幸福感，这就是萨其马的魅力。
- 限时优惠，快来抢购吧！
- 喜欢的朋友们，快来关注我们，点击链接，把美味带回家！

活动2：利用"配音神器"将文案转成语音

步骤1：打开"配音神器"，如图2-1-11所示，注册个人账号并登录。网址：https://www.peiyinshenqi.com/#/。

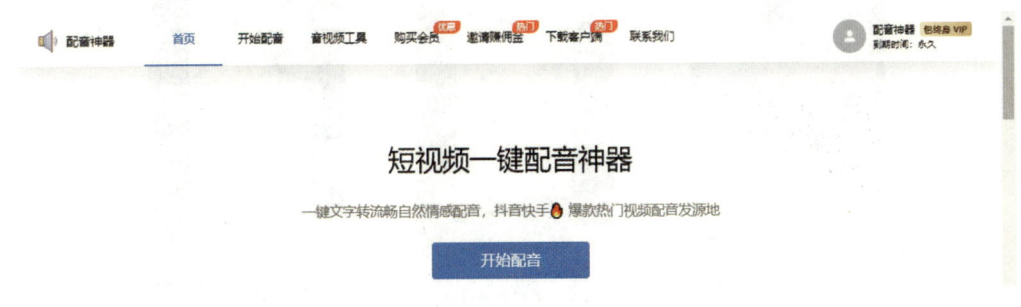

图2-1-11 "配音神器"界面

步骤2：点击"开始配音"按钮，进入如图2-1-12所示界面，将活动1的文案复制粘贴到左侧文本框中。

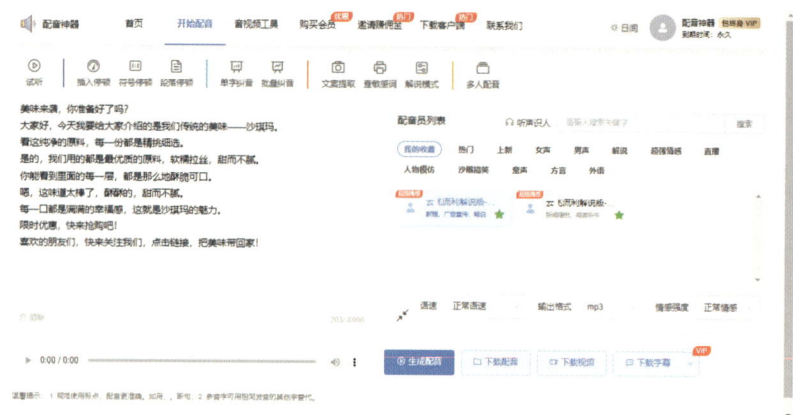

图 2-1-12 复制脚本内容到配音神器

步骤 3：在右侧"配音员列表"中试听，选择一款合适的声音，语速选择"正常语速"，输出格式选择"MP3"，点击"试听"，听一听语调、语速，有无错别字、多音字等，如果没有问题点击"生成配音"，等待合成后点击"下载视频"，然后将输出的配音文件发送到手机。（读者也可以用手机微信小程序，搜索"配音神器"，在小程序中进行配音的提取。）

活动 3：导入素材，设置基本属性

用手机打开快影 App，点击"开始剪辑"，如图 2-1-13 所示。导入准备好的视频、直播片段，关闭视频轨道的原声，在下方工具条找到"比例"按钮，点击，将比例调整为"9∶16"，如图 2-1-14 所示。点击模糊，将模糊设置为"原视频模糊"，如图 2-1-15 所示。然后点击"应用全部"，再点击对钩√确定。

扫码观看操作流程

扫码观看样片

图 2-1-13 开始剪辑

图 2-1-14 调整比例

图 2-1-15 设置模糊模式

活动 4：利用蒙版遮挡原字幕

单击第一段视频，将时间滑块拖动到有字幕的位置，拖动下方的工具条，找到"蒙版"按钮，如图 2-1-16 所示。单击，然后选择矩形，手动调整矩形蒙版区域的大小，使其正好漏出字幕条，接着设置"羽化度"为 3，如图 2-1-17 所示。单击"反转"，效果如图 2-1-18 所示。再单击对钩 √ 确定。依据同样的方法把后面几个视频片段的字幕也进行遮挡。

图 2-1-16　添加蒙版

图 2-1-17　设置羽化度

图 2-1-18　设置反转

活动 5：导入音频

单击第一个视频片段，下面会显示"+ 添加音频"，如图 2-1-19 所示。然后单击"+ 添加音频"，进入音频选择界面，单击"导入"，点击"从视频中提取声音"，如图 2-1-20 所示。从图库中选择活动 2 中发送到手机的配音视频文件，接着单击"提取音频"，如图 2-1-21 所示。再单击"使用"，将视频文件转成音频，导入工程文件中。

活动 6：剪辑视频

根据分镜头脚本剪辑视频，每句文案对应不同的画面，使音画同步，然后将多余的片段删除。以 2 号镜头为例，在视频轨道上找到主播介绍产品的片段，确定合适的位置，点击分割，如图 2-1-22 所示。找到结尾位置继续分割，然后按住裁出来的视频不动，下方会出现"片段排序"，如图 2-1-23 所示。接着，将此片段拖动到第二个视频片段的位置，如图 2-1-24 所示。最后，根据音频的长短适当地调整画面长度，或进行变速，使其音画同步。依据此方法将其余的分镜画面都裁好即可。

图 2-1-19　添加音频　　　图 2-1-20　从视频中提取声音　　　图 2-1-21　提取音频

图 2-1-22　分割视频　　　图 2-1-23　片段排序　　　图 2-1-24　拖动片段

活动 7：添加字幕

拖动下方的工具条，找到"字幕"按钮，如图 2-1-25 所示。接着点击"语音转字幕"，如图 2-1-26 所示。然后取消"视频原声"，点选"音乐"，点击"开始识别"，如图 2-1-27 所示。等待几秒钟后，字幕识别完毕。

点选第一段字幕，手动将字幕放到文本框中，如图 2-1-28 所示。然后点击"花字"，选择一款和画面颜色匹配的样式，适当调整文字大小，如图 2-1-29 所示。拖动时间条，检查字幕，如果有占用多行的情况，可以手动分割，如图 2-1-30 所示。

  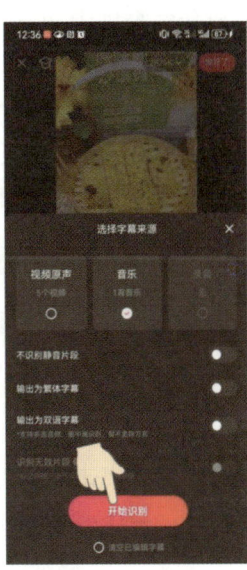

图 2-1-25　添加字幕　　图 2-1-26　语音转字幕　　图 2-1-27　识别字幕

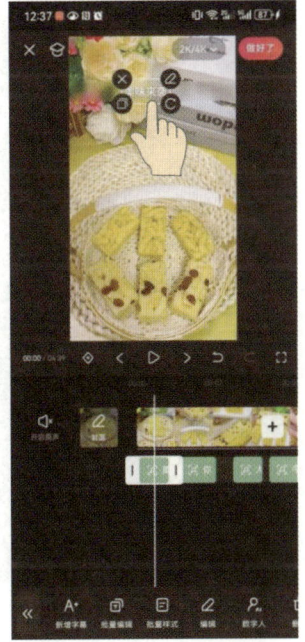  

图 2-1-28　调整字幕位置　　图 2-1-29　选择花字，设置样式，调整文字大小　　图 2-1-30　检查并分割字幕

活动 8：添加背景音乐

拖动工具条，找到"音频"按钮，如图 2-1-31 所示，点击，接着在新界面中点击"音乐"，然后在搜索框中输入"暖暖伴奏"进行搜索，如图 2-1-32 所示。找到《暖暖》（伴奏），如图 2-1-33 所示。试听一下，点击"使用"按钮将音乐导入工程文件中。点击刚刚添加的背景音乐，点击"音量"，将音量调到 10 左右，试听一下效果即可。

活动 9：添加滤镜效果

点击滤镜，如图 2-1-34 所示。选择"自然"滤镜，如图 2-1-35 所示。点击 √ 确定。接着将自然滤镜调成和视频一样的时长，查看一下整体效果。

活动 10：导出和分享

检查没有问题，点击"做好了"，如图 2-1-36 所示。然后点击下载按钮将作品保存到手机。最后根据需求发布到快手、抖音或者其他平台。

图 2-1-31　点击音频　　图 2-1-32　搜索音乐　　图 2-1-33　选择音乐

图 2-1-34　点击滤镜　　图 2-1-35　选择具体的滤镜　　图 2-1-36　点击"做好了",完成视频剪辑

任务五　数据复盘与优化

在抖音平台发布短视频后,可以通过抖音 App 的创作者服务中心查看自身数据。另外,也可以利用一些专业的数据平台查看和分析数据,然后根据数据分析结果来优化内容创作策略,提高作品的传播效果和用户互动。下面以飞瓜数据平台为例进行阐述。

(1)在浏览器中打开飞瓜数据抖音版,网址为 https://dy.feigua.cn/,打开网站,如图 2-1-37 所示。

(2)微信扫码登录,然后在上方的搜索框中输入达人账号进行搜索,如图 2-1-38 所示。这时可查看整体数据,包括画像概览、八大消费人群分布、视频基础数据评分等。

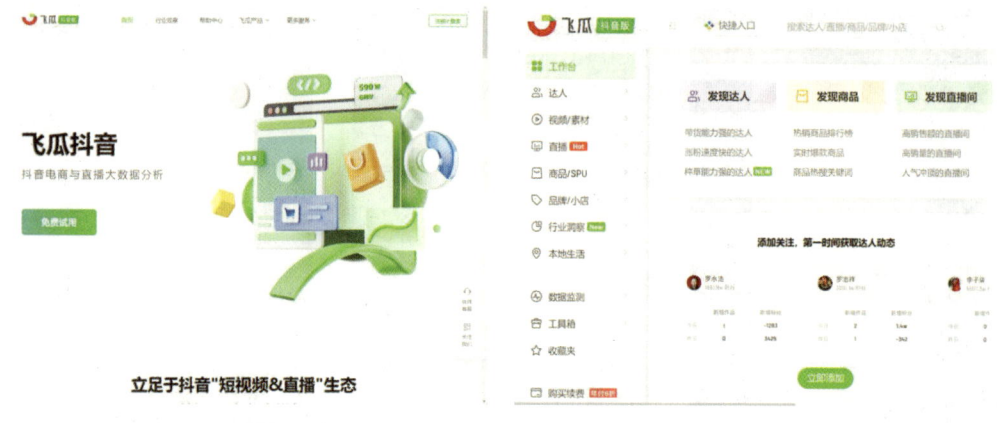

图 2-1-37　飞瓜数据平台界面　　　　图 2-1-38　飞瓜数据的搜索界面

（3）图 2-1-39～图 2-1-41 列出了某抖音账号的相关数据。

①根据图 2-1-39 我们可以看出以下几点：

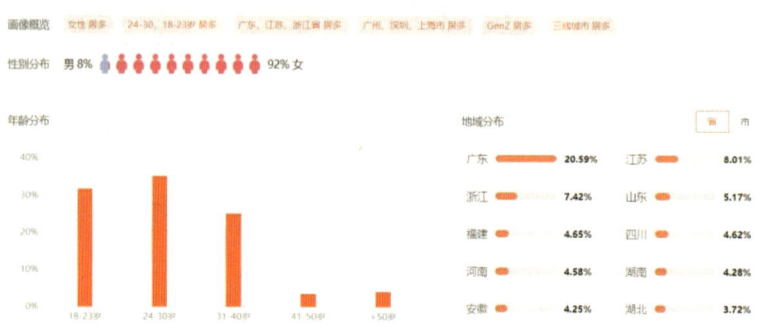

图 2-1-39　画像概览

A. 性别分布分析：女性占据了用户群体或市场的 92%，而男性只占 8%。这表明该市场或产品可能更受女性欢迎，或者可能针对女性进行了特定的市场定位。

B. 年龄分布分析：18～23 岁和 24～30 岁的年轻人群是市场的主力军，这两个年龄段的占比最高。这意味着产品或服务应该更加年轻化和时尚化，以满足年轻消费者的需求。31～40 岁的比例较低，而 41～50 岁和 >50 岁的比例极低。这表明中年和老年消费者对该市场或产品的兴趣较低。

C. 地域分布分析：广东省是该群体或市场的主要集中地，占比最高（20.59%）。其次是江苏省和浙江省。这表明这些地区的消费者对该市场或产品有更高的兴趣或需求。其他省份，如山东省、福建省、四川省、河南省、湖南省和安徽省的比例也相对较高，但低于前三个省份。

综合分析：该市场或产品可能需要更多地关注年轻女性消费者，尤其是 18～30 岁的女性消费者。

在地域方面，广东省、江苏省和浙江省可能是重要的市场，值得重点关注。对于其他省份，可以根据其比例和特点进行有针对性的市场策略调整。

②根据图 2-1-40，我们可以看出以下几点：

A. 消费人群分布分析：从图 2-1-40 中，我们可以看到不同消费人群的分布情况。以下是几个关键点：

❖ GenZ（1995～2009 年出生的一代人）是最大的消费群体，占比约 40%。这表明年轻的消费者在市场上占有重要地位。

❖ 小镇青年和都市蓝领也是重要的消费群体，分别约占 20% 和略低于 10%。

❖ 精致妈妈、小镇中老年、新锐白领和资深中产的比例相对较低，都在 5% 左右。

❖ 都市银发的比例最低，不到 1%，这表明老年消费者在市场上的影响力较小。

B. 城市等级分布分析：我们从城市等级分布条形图中可以看到不同城市级别的消费者比例。以下是几个关键点：

❖ 三线城市的消费者比例最高，约占 22.07%。这表明三线城市的消费者市场潜力巨大。

❖ 新一线城市和二线城市的消费者比例也较高，分别占 20.42% 和 19.38%。

❖ 一线城市和四线城市的消费者比例相对较低，分别占 13.7% 和 14.35%。

❖ 五线城市和其他城市的消费者比例最低，分别占 4.95% 和 4.34%。

综合分析：年轻消费者（特别是 GenZ）在市场上占有重要地位，这意味着品牌需要更多地关注年轻化和数字化策略。三线及以下城市的消费者比例较高，这表明品牌在下沉市场有很大的发展空间。对于不同消费人群和不同城市级别的消费者，品牌需要采取不同的营销策略和产品定位。

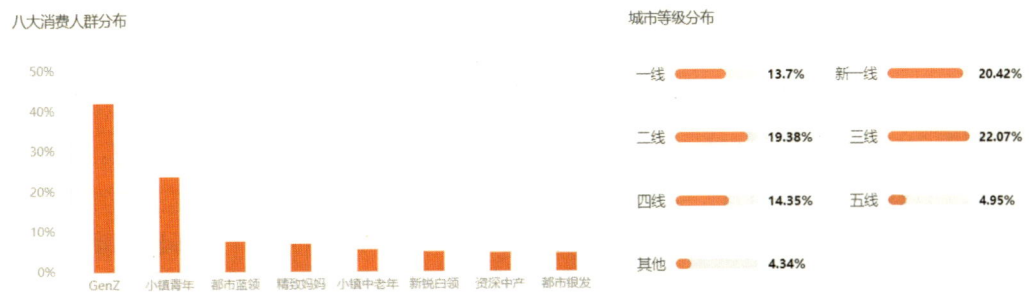

图 2-1-40　八大消费群分布和城市等级分布

③根据图 2-1-41，我们可以看出以下几点：

A. 视频基础数据评分分析：视频的基础数据评分为 7.5 分 /10 分，这是一个相当高的分数，表明视频的整体表现很好。

B. 雷达图数据分析：点赞数、评论数、转发数和收藏数均高于行业平均水平与达人历史水平。这表明视频在观众中产生了强烈的共鸣，吸引了大量的互动和参与。红色线（本条视频水平）在所有指标上都明显高于绿色线（行业平均水平）和灰色线（达人历史水平），这进一步证实了视频的优秀表现。

C. 表格数据分析：点赞数、评论数、转发数和收藏数的具体数值显示，本条视频的表现远远超过了行业平均水平。例如，点赞数达到了5.5万，而行业平均水平仅为1271，这表明视频的受欢迎程度非常高。视频在所处行业的水平超过了99%，这意味着它在同行业中表现非常突出。

综合分析： 视频在社交媒体上的表现非常出色，成功地吸引了大量的观众互动和参与。视频的成功可能归因于其内容的质量、创意，或者它与目标受众的共鸣。未来的内容创作可以继续探索和利用这些成功的因素，以保持与提升观众的参与度和互动。

图 2-1-41　视频基础数据

（4）综合以上数据分析，创作者可以考虑以下优化建议和意见：

①内容质量提升：视频的高评分表明内容质量整体不错，但仍有提升空间。创作者应继续关注内容创意和质量，以保持观众的兴趣和参与度。

②增强互动性：视频在互动指标（如点赞、评论、转发和收藏）上表现突出，说明观众愿意参与和分享。创作者可以考虑增加更多互动元素，如提问、投票或挑战，以进一步提高观众的参与度。

③优化目标受众定位：视频吸引了大量年轻受众的关注，尤其是18～30岁的受众。创作者应继续针对这一年龄段的受众进行内容优化，同时探索如何吸引更多不同年龄段的受众。

④地域市场拓展：视频在广东省、江苏省和浙江省表现突出，表明这些地区的市场潜力巨大。创作者可以考虑在这些地区进行更深入的市场调研，以了解当地观众的具体需求和偏好。

⑤持续跟踪行业趋势：视频的表现远超行业平均水平，但行业竞争激烈，创作者需要持续关注行业趋势和竞争对手动态，以便及时调整策略。

⑥数据分析与反馈循环：持续分析视频表现数据，及时调整内容策略。同时，收集和分析观众反馈，以更好地理解观众需求和喜好。

这些优化措施可以进一步提升视频的表现，吸引更多观众，并增强其在社交媒体平台上的影响力。

知识链接

1. 如何策划 IP 切片短视频文案

策划 IP 切片短视频文案时，需要考虑目标受众、形象塑造、创意构思等因素。表 2-1-6 是一些策划 IP 切片短视频文案的建议。

表 2-1-6　策划 IP 切片短视频文案的建议

目标受众	了解目标受众的兴趣和需求，确保文案内容与他们的喜好相匹配
形象塑造	确保文案内容与品牌形象保持一致，传达品牌的核心价值和理念
创意构思	结合 IP 的特点和内容，创作吸引人的文案，如使用幽默、感人、悬念等元素
简洁明了	由于短视频的时长限制，文案需要简洁明了，直接传达核心信息，避免冗长和复杂
突出卖点	在文案中突出产品的特点和优势，使用具有说服力的语言和数据来展示产品的价值
情感共鸣	尝试引起观众的共鸣，通过故事、情感或价值观来吸引观众的注意力
互动性	鼓励观众参与和互动，如提问、投票、评论等，提升观众的参与度和传播力
平台特性	根据不同平台的特性，调整文案风格和表达方式，以适应不同平台的用户习惯和喜好
版权合规	确保文案内容不侵犯他人的知识产权，遵守相关法律法规和平台规则

2. 快影 App 简介

快影 App 是由北京快手科技有限公司开发的一款视频拍摄、剪辑和制作工具软件。这款应用适用于 iOS（苹果公司开发的移动操作系统）和 Android（基于 Linmx 内核的自由及开放源代码的移动操作系统）平台，主要特点是其简单易用的界面和强大的视频编辑功能。快影的主要功能如下。

（1）视频剪辑：支持视频分割、裁剪、拼接、倒放、变速（常规、曲线、自定义变速）、转场等操作。

（2）音效和音乐库：提供丰富的音效和音乐资源，支持智能配音、字幕、音频提取、降噪、音乐卡点等功能。

（3）字幕和滤镜：提供多种字幕样式和电影胶片级的滤镜，提升视频画质。

（4）美颜和视频背景：支持美颜效果和视频背景设置。

（5）画中画和智能抠像：允许用户制作更复杂的视频效果。

（6）AI视频动漫：可以将人物视频转化为动漫效果。

（7）模板和素材库：提供海量模板和素材，包括贴纸、滤镜、画面特效等。

此外，快影还提供了"快影周刊"功能，定期推出教程文章和封面故事，分享使用技巧和最新动态。快影非常适合制作30秒以上的长视频，尤其适用于编辑搞笑段子、游戏和美食等视频内容。用户可以直接将编辑好的视频分享到快手平台。总的来说，快影是一款功能丰富且易于使用的视频编辑工具，适合各类用户进行视频创作和分享。

3. 飞瓜数据简介

飞瓜数据是由福州果集信息科技有限公司开发的一款专业短视频及直播数据查询、运营和广告投放效果监控的工具。这个平台提供全面的数据分析服务，专注于抖音、快手、B站等社交媒体平台的数据分析，飞瓜数据的主要特点和服务内容，如图2-1-42所示。

通过飞瓜数据平台的深入分析，创作者可以获得更多维度的数据洞察，以便在短视频平台上更好地优化内容，提升视频的表现力。

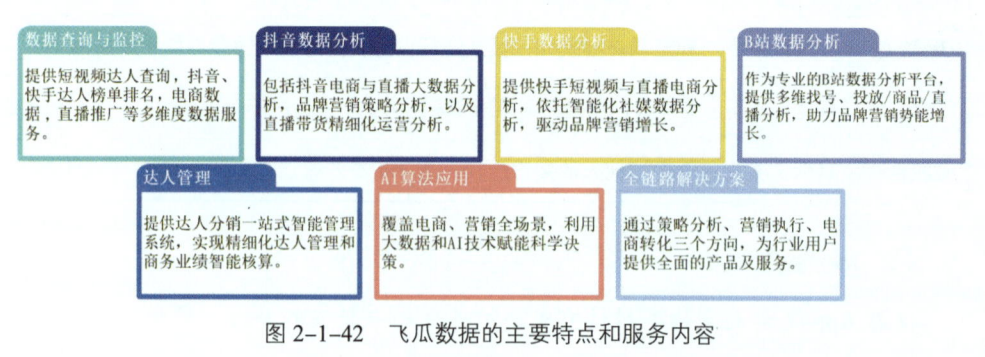

图 2-1-42　飞瓜数据的主要特点和服务内容

学习评价

1. 学习过程评价

班级：_____　　姓名：_____　　组别：_____

序号	考核指标	等级（权重）				自评 30%	小组评 30%	教师评 40%
		优秀	良好	合格	需努力			
1	实训过程中遇到疑难，能通过请教老师、同伴和互联网检索等途径自主学习	5	4	3	2			
2	具有团队协作意识，学会与他人分享、交流，共同提高短视频制作和运营水平	5	4	3	2			
3	有创新思维，敢于尝试新的短视频表现形式	5	4	3	2			
4	能合理制订工作计划，在规定时间内完成任务，时间控制合理	5	4	3	2			
5	能遵守实训室规章制度，不迟到、早退	5	4	3	2			
6	能在交流中勇于发表意见、提出疑惑，乐于帮助他人学习	5	4	3	2			
7	具有责任心，对项目进度和质量负责	5	4	3	2			
各项总分：								
总　　分：								
我的自评：								
组内评语：								
教师评语：								

2. 理论考试（扫描二维码完成题目）

理论考试

3. 成果评价

班级：_____ 姓名：_____ 组别：_____

考核指标		等级（权重）				自评 20%	小组评 20%	教师评 30%	企业导师评 30%
		优秀	良好	合格	需努力				
主观评价	了解 IP 切片短视频的市场定位，掌握同类短视频的相关数据及分析要点	5	4	3	2				
	能够说出 IP 切片短视频文案策划的方法，能独立撰写分镜头脚本	5	4	3	2				
	能够根据 IP 切片短视频素材选取策略，独立完成短视频素材收集与整理	5	4	3	2				
	能够使用快影 App 进行短视频剪辑	5	4	3	2				
	能够利用数据复盘与优化的方法，提高短视频质量和传播效果	5	4	3	2				
	具备分析同类短视频市场的能力，能够根据数据总结要点，为自身项目提供参考	5	4	3	2				
客观评价	文件命名符合规范	5	4	3	2				
	成片素材的选择和运用与主题相符	5	4	3	2				
	短片风格统一、画面明暗统一、色调统一	5	4	3	2				
	片头、主片、片尾衔接自然	5	4	3	2				
	镜头画面和解说词立意鲜明，无与主题不一致的画面	5	4	3	2				
	视频有配乐，解说词音量适当清晰，与背景音乐协调	5	4	3	2				
	字幕清晰规范，文字正确、无错别字	5	4	3	2				
各项总分：									
总　　分：									
我的自评：									
组内评语：									
教师评语：									

项目小结

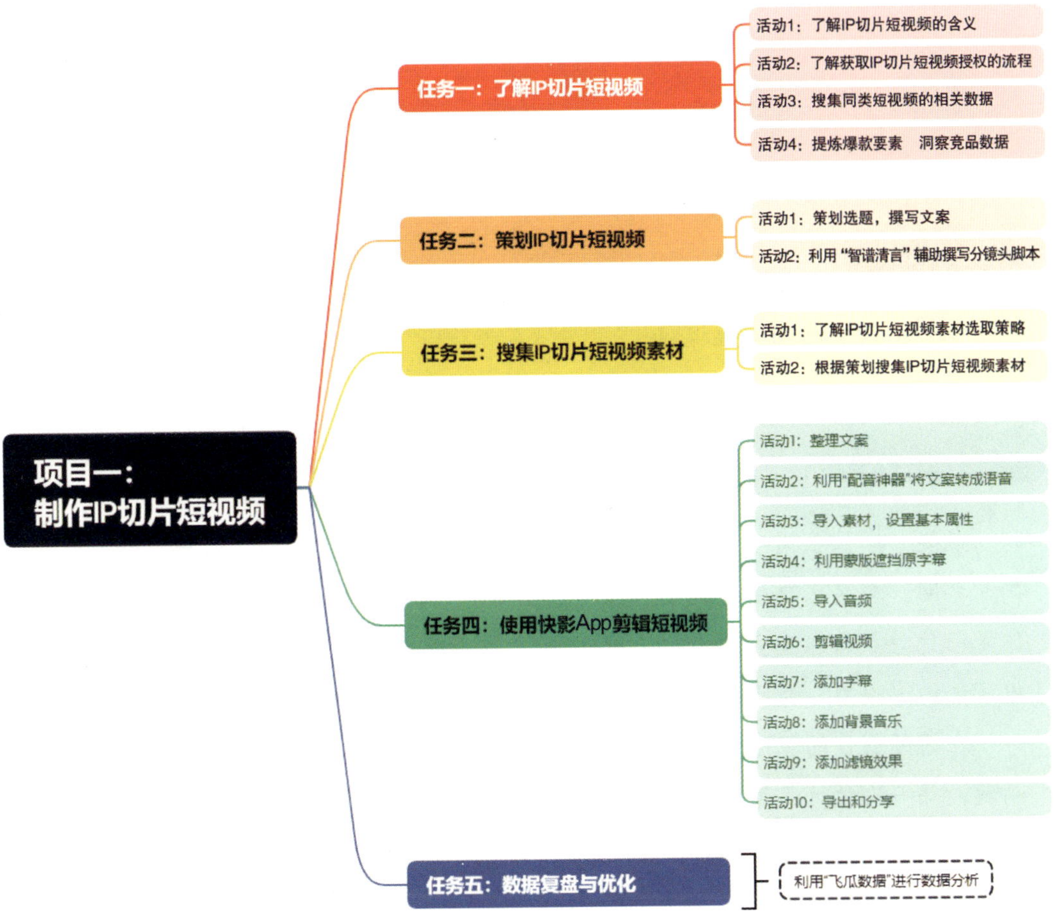

```
项目一：制作IP切片短视频
├── 任务一：了解IP切片短视频
│   ├── 活动1：了解IP切片短视频的含义
│   ├── 活动2：了解获取IP切片短视频授权的流程
│   ├── 活动3：搜集同类短视频的相关数据
│   └── 活动4：提炼爆款要素 洞察竞品数据
├── 任务二：策划IP切片短视频
│   ├── 活动1：策划选题，撰写文案
│   └── 活动2：利用"智谱清言"辅助撰写分镜头脚本
├── 任务三：搜集IP切片短视频素材
│   ├── 活动1：了解IP切片短视频素材选取策略
│   └── 活动2：根据策划搜集IP切片短视频素材
├── 任务四：使用快影App剪辑短视频
│   ├── 活动1：整理文案
│   ├── 活动2：利用"配音神器"将文案转成语音
│   ├── 活动3：导入素材，设置基本属性
│   ├── 活动4：利用蒙版遮挡原字幕
│   ├── 活动5：导入音频
│   ├── 活动6：剪辑视频
│   ├── 活动7：添加字幕
│   ├── 活动8：添加背景音乐
│   ├── 活动9：添加滤镜效果
│   └── 活动10：导出和分享
└── 任务五：数据复盘与优化 —— 利用"飞瓜数据"进行数据分析
```

图 2-1-43　制作 IP 切片短视频的思维导图

项目拓展练习

> **制作"猫山王榴梿饼"切片短视频**

请扫描二维码完成项目拓展练习。

项目拓展练习

项目二　制作书籍实物拍摄短视频

（12 课时）

设计主题

制作书籍实物拍摄短视频

视频达人

甄靓，一位独树一帜的读书引领者，她以多元视角深度剖析书籍、精心编织知识之网，彰显了卓越的文化底蕴与别出心裁的传播艺术。在浩瀚书海中，她不仅是一位导航者，更是思想的灯塔，以卓越的内容品质，覆盖广泛的传播平台；以深远的影响力，在阅读推广的舞台上熠熠生辉。

在视频创作的征途中，她勇于探索，不断突破。她巧妙融合创新元素与传统精髓，每一次尝试都是对内容边界的拓宽，对视觉表达的新一轮革新。这些创新之举，不仅让视频内容更加丰富多彩，还成功吸引了众多年轻观众的目光，激发了他们对阅读的无限热情与好奇。

三维目标

知识目标

- 能够描述书籍实物拍摄短视频的含义。
- 能够列举书籍实物拍摄短视频文案策划的基本原则和方法。
- 能够概述"豆包"智能助手的功能和应用场景。
- 能够说出书籍实物拍摄短视频素材的拍摄原则和技巧。
- 能够阐述"剪映"和"抖查查"的基本功能与使用方法。

能力目标

- 能够独立策划和撰写书籍实物拍摄短视频文案,提高内容创作能力。
- 能够灵活运用"豆包"智能助手撰写文案、分镜头脚本,提升工作效率。
- 能够根据书籍实物拍摄短视频的素材选取原则,独立完成短视频素材的拍摄采集。
- 能够运用"剪映"进行视频剪辑、制作和分享,提高视频制作技能。
- 能够运用"抖查查"进行短视频数据分析,优化内容策略。

素质目标

- 树立版权意识,尊重他人的知识产权,遵守相关法律法规。
- 具有创新思维和审美观,提高内容创作的质量和吸引力。
- 提升团队协作能力,善于与他人沟通、分享和交流。
- 养成敏锐的市场洞察力,把握行业动态,为内容创作提供方向。
- 树立正确的价值观,通过内容创作传播正能量,为社会贡献力量。

项目任务书

项目名称:制作书籍实物拍摄短视频

1. 项目背景

本项目致力于教授大家如何拍摄、剪辑并运营书籍实物拍摄短视频,并且将结合市场需求与受众喜好,深入分析这类短视频的流行趋势与成功案例,为读者提供前沿的创意灵感与实战指导。本项目旨在通过系统化、实践性的教学,帮助广大书籍爱好者、阅读推广人、自媒体从业者及图书行业工作者掌握短视频制作的核心技能,包括选题策划、脚本撰写、拍摄技巧、后期剪辑以及平台运营策略等。制作高质量的书籍实物拍摄短视频,不仅能够激发公众的阅读兴趣,促进书籍销售与文化传播,还能为创作者带来可观的流量与收益,实现个人价值与商业价值的双赢。

2. 项目目标

(1)学会书籍实物拍摄短视频的策划、拍摄、剪辑、运营逻辑。
(2)通过短视频传递书籍的内容价值,让观众产生共鸣,有阅读和购买欲望。

（3）提高个人在短视频平台的影响力，吸引更多粉丝关注。

3. 项目内容

该项目覆盖了从创意策划到成品发布，再到运营推广与数据反馈的全流程；旨在帮助读者学会借助短视频这一生动媒介，为观众呈现书籍的精华与魅力，不仅推荐好书，更深度解析书籍内容，激发观众的阅读兴趣。通过精心设计的视频内容与卓越的拍摄剪辑技艺，吸引目标受众的眼球，增加受众的积极互动，并有效提升书籍的曝光度与销售量。

4. 项目时间表

（1）团队分工：1课时

（2）选题策划：1课时

（3）拍摄准备：1课时

（4）实地拍摄：3课时

（5）后期制作：4课时

（6）发布与推广：1课时

（7）复盘优化：1课时

5. 项目团队

（1）导演：负责整体策划、拍摄和后期指导。

（2）摄像师：负责拍摄工作。

（3）后期剪辑师：负责视频剪辑工作。

（4）宣传推广人员：负责作品发布和宣传推广。

6. 项目预算

（1）拍摄费用：内部团队拍摄，不需要额外费用。

（2）视频制作费用：内部团队制作，不需要额外费用。

（3）推广费用：低成本推广渠道（有少量费用投入）。

7. 项目风险与应对措施

（1）设备故障：准备备用设备，确保拍摄顺利进行。

（2）时间延误：合理安排拍摄日期，确保项目按计划进行。

（3）作品质量：加强团队成员技能培训，提高作品质量。

8. 项目评估

（1）画面质量：画面清晰、色彩饱满、构图美观。
（2）内容丰富度：内容充实、结构清晰、富有情感。
（3）观众反馈：观看量、点赞量、评论量等。
（4）作品传播度：平台推荐、转发量、粉丝增长等。

> 任务实施

任务一　借鉴优质账号　明确定位

学习优质短视频账号的成功经验，能够显著提升创作内容的品质与市场竞争力。要深入剖析优质短视频背后的成功逻辑，不仅要细致拆解视频构成的每一个元素，更要深刻理解其独特的叙事风格与情感表达手法，精准捕捉观众情绪，巧妙设计互动环节，以此激发共鸣，增强用户黏性，从而在激烈的市场竞争中脱颖而出。

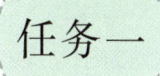

活动1：账号分析

通过分析同类优质账号的短视频，学习内容创作的灵感、策划脚本的底层逻辑、用户互动的技巧、运营策略的思路以及市场趋势的洞察。以下是抖音对标账号"甄靓"的相关信息，如表2-2-1所示，供读者参考学习。

表2-2-1　抖音对标账号"甄靓"的相关信息

对标账号名称	甄靓
对标账号定位	账号定位为文化博主，专注于读书分享和诗词文化领域
目标人群	主要集中在年轻人和中年人群体。这部分人群对文化内容有较高的兴趣，愿意为情绪买单，追求精神层面的满足。同时，他们也具备一定的消费能力，是图书、文创产品等文化商品的主要消费群体
内容主题	读书分享：推荐各类好书，涵盖文学、历史、哲学等多个领域，分享书籍的核心内容和阅读感悟

续表

内容特色	真诚分享：内容以真诚为核心，她真诚地分享自己的阅读感悟和生活体验，这种真实感打动了大量用户 高质量创作：她注重内容的质量和创新性，不断尝试新的创作形式和表达方式，以满足用户的不同需求 多样化呈现：除了短视频外，她还通过图文、直播等多种形式呈现内容，丰富了用户的阅读体验
互动情况	互动情况良好，用户黏性高。她经常与粉丝进行互动，回复评论和私信，增强了与粉丝之间的联系。同时，她的视频内容也引发了广泛的讨论和分享，进一步扩大了账号的影响力
发布平台	抖音、快手、B站、小红书和微信视频号等。这些平台各具特色，为其提供了广泛的传播渠道和多样化的用户群体
视频时长	根据内容的不同而有所差异。一般来说，她的短视频时长在几分钟到十几分钟不等，而一些专题或直播内容可能时间更长。这种灵活的视频时长设置有助于满足不同用户的观看需求

活动2：提炼爆款要素 洞察竞品数据

深入分析同类短视频作品，提炼出其中蕴含的策划、拍摄、剪辑、运营技巧，并转化为自身可用的知识和技能，详情如表2-2-2所示。

表2-2-2 书籍实物拍摄短视频作品分析

产品类型		成人书/童书、单本/套装、功能性图书、知识类图书、绘本/画册
目标人群		小镇青年、都市银发、精致妈妈、Z世代
卖点特色	内容特色	插图、标题、特色栏目设计、互动内容
	赠品	实体赠品、虚拟赠品
	装帧设计	立体书/机关书等，特色工艺：切口、封面起凸等
素材类型	封面展示	包括封面出现、合上封面和运镜展示
	翻书展示	一般展示10～15秒，有快翻书和慢翻书两种，快翻书主要展示每页精美的画面，慢翻书主要展示某一页精美的画面
	内文展示	目录展示：一般用手划过即可 重点内容画线：用手指或道具画线 重点内容画圈：用手指或道具画圈 书写/画/做题
	其他展示	赠品展示：基本包括实体赠品和虚拟赠品 书脊展示
产品类型	单本	单本书拍摄时尽量准备2本或以上，以丰富构图形式
	套装	每本书都要按照单本书的拍摄方式进行拍摄，注意套装书全套的出镜

任务二　策划书籍实物拍摄短视频

在数字化时代，短视频已成为信息传播和营销推广的重要渠道。为了提升特定书籍的知名度和销量，创作者需要策划一系列书籍推广类短视频。本任务旨在通过精心策划选题和撰写吸引人的文案，制作出既具有创意又能够触动目标受众的短视频内容。

活动1：策划书籍实物拍摄短视频选题与撰写文案

策划书籍实物拍摄短视频选题与撰写文案旨在通过精准定位和创意展示，吸引目标受众关注书籍亮点，营造阅读氛围，促进销售转化，同时增强品牌形象并促进文化交流。在策划过程中要从以下几个方面进行。表2-2-3是"青春无悔 岁月流痕年华"短视频创作文案示例。

表2-2-3　"青春无悔 岁月流痕年华"短视频创作文案

短视频标题	青春无悔 岁月流痕年华
创作主题	"青春无悔 岁月流痕年华"短视频的创作主题聚焦于"人生回顾与青春无悔"的深刻内涵，通过视觉与听觉的双重呈现，展现书籍的核心价值——鼓励观众珍惜当下，勇敢追梦，让人生无悔
创意阐述	创意上，该短视频采用了"故事化＋情感共鸣"的策略。通过精选书中几个具有代表性的片段或场景，营造出一种时空交错、过去与现在对话的氛围。同时，运用温馨而激励人心的旁白或背景音乐，加深观众对"无悔年华"这一主题的理解和感受
内容概述	内容围绕《无悔年华》这本书的核心内容展开，首先以书籍封面和作者介绍作为开场，快速吸引观众的注意力。随后，通过几个精心挑选的书中故事片段，展示作者在不同人生阶段的经历与感悟。这些片段穿插着作者对青春、梦想、人生价值的深刻思考，以及他如何用坦诚的态度和深刻的洞察力影响读者。最后，短视频以鼓励性的语言结尾，强调无论年龄大小，都能从这本书中获得启示和力量
画面表现	画面表现上，短视频采用多样化的视觉风格来适应不同内容的需求。对于书中故事片段的呈现，采用柔和的色调和细腻的镜头语言，营造出一种怀旧而温馨的氛围。对于作者访谈或现代生活的快速剪辑部分，则可以采用更加鲜明、动感的画面效果，以增强观众的代入感和共鸣感。同时，注意保持画面的连贯性和节奏感，确保整个短视频流畅而引人入胜
目标受众	喜欢阅读、关注人生哲理、对青春和梦想有深刻思考的各年龄段人群
营销推广	社交媒体传播：利用微博、抖音、快手等社交媒体平台发布短视频，通过精准定位和话题营销吸引目标受众 互动营销：设置话题挑战、读后感征集等互动环节，鼓励观众参与并分享自己的故事和感悟，形成口碑传播

活动2：利用豆包辅助撰写分镜头脚本

为了提升书籍的曝光度和吸引力，我们需要将精心策划的书籍推广文案转化为生动、有趣的短视频脚本。鉴于 AI 技术在内容创作中的广泛应用，本任务旨在利用 AI 辅助工具，根据已有的书籍推广策划文案，辅助生成高质量的短视频脚本。

（1）在浏览器中输入网址"https://www.doubao.com/"，打开豆包网站，如图 2-2-1 所示。

图 2-2-1 豆包的打开界面

（2）在 AI 对话框中输入提示词，如"我想拍摄一本名字叫《无悔年华》的书的书籍推广类短视频，主要通过拍摄图书的封面、内页、细节内容来介绍整本书的亮点和价值。请按照以下短视频文案内容生成短视频的脚本，要求以表格的形式出现，脚本内容需包括镜号、镜头类别、画面内容。文案内容如下……"，生成脚本，如图 2-2-2 所示。

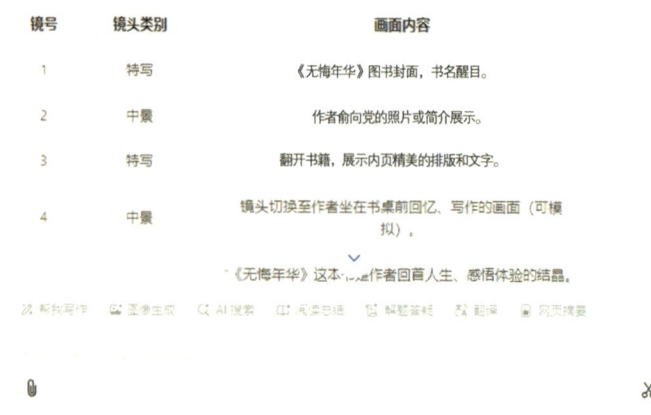

图 2-2-2 豆包生成的短视频脚本

（3）对有问题的部分继续进行优化，如输入以下内容："将以上脚本加入两列，分别是解说词和时间"，单击发送按钮，生成新脚本，如图 2-2-3 所示。

镜号	镜头类别	画面内容	解说词	时间
1	特写	《无悔年华》图书封面，书名醒目。	大家好，今天要给大家介绍一本非常优秀的图书——《无悔年华》。	0:00-0:05
2	中景	作者俞向党的照片或简介展示。	这本书是由俞向党所著的一部回忆录。	0:05-0:12
3	特写	翻开图书，展示内页精美的排版和文字。	让我们一起来看看这本书的内页细节。	0:12-0:20

图 2-2-3　继续优化脚本的显示界面

（4）审核与调整：对 AI 生成的初稿进行人工审核，确保内容准确无误，同时根据实际需要进行必要的调整和优化。这包括修正可能的语法错误、调整语言风格、增加或删除特定元素等，以确保脚本能够精准传达图书的价值和魅力，最终脚本如表 2-2-4 所示。

表 2-2-4　审核与调整后的脚本

标题		《无悔年华》推广短视频			
视频时长		50 秒			
场景		桌面摆放图书进行拍摄（背景布、道具）			
音乐音效		活泼类型			
拍摄角度		水平俯视	镜头类型	固定镜头	
镜号	镜头类别	画面内容	时间	景别	解说词
1	开头	图书放于中间，题目居于中上位置	1 秒	全景	无悔年华是由俞向党所著的一部回忆录
2	细节	右手拿书从右侧进入画面放在桌面上，左手轻轻拍打图书左下角	5 秒 15	全景	这本书是作者回首人生感悟体验的结晶。书中不仅记录了作者多年来工作生活的历程和探索
3	细节	向左翻开页面	3 秒 20	全景	也记录了从实践中生发出的理念和感悟，充满了真知灼见
4	细节	书页自然下落	3 秒 14	全景	书中的故事充满了时代的印记
5	细节	右手轻轻向右拖动图书，停在第一章，右手拿铅笔进行画线动作，画线三行后继续向右拖动	6 秒	近景	它不仅让我们看到了一个普通人的平凡生活，也反映了整个社会的变迁和发展
6	细节	将图书缓慢从下向上拖动，停在第九章标题，进行画圈动作	5 秒	全景	作者用坦诚的态度和深刻的洞察力，让我们在阅读中思考人生的意义和价值

续表

镜号	镜头类别	画面内容	时间	景别	解说词
7	细节	在细节页第 58 页用铅笔画线，在细节页将图书从左向右进行拖动	7 秒	近景	这本书它让我们明白青春不仅是年龄的象征，更是一种心态
8	细节	打开封面，将图书向下移动，再向左拖动，用铅笔画圈	6 秒 12	全景	只要我们保持热爱，勇敢追梦，就能在人生的道路上不留遗憾
9	细节	将图书向下拖动，向左翻页，继续向下拖动，向左拖动	6 秒 21	全景	这本书适合所有年龄段的读者，无论你是正值青春还是已步入中年，都能在这本书中找到自己的影子
10	结尾	双手拿着书角，让图书由下向上进入，放在桌面中间	7 秒 08	全景	这么优秀的书籍值得每个人拥有

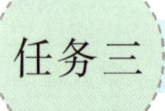

任务三 拍摄短视频素材

活动 1：人、场、物的准备

拍摄之前根据书籍内容、封面颜色及视频主题与脚本精准地进行人、场、物的准备是至关重要的，一是可以高效完成任务，二是这些准备直接影响到视频的质量和效果。依据主题和脚本可做如下具体人、场、物的准备，如表 2-2-5 所示。

表 2-2-5 拍摄《无悔年华》人、场、物的准备

短视频主题	《无悔年华》推广短视频				
场地	校企合作工作室				
时间	本周五下午				
准备事项	名称	型号	数量	特点	备注
拍摄主体 1	《无悔年华》	书籍	1	白色封面	
物品（道具）1	花束	花骨朵	4—6 朵	黄色	
物品（道具）2	书籍组		根据厚度	薄厚相当	注意版权
设备 1	手机	iPhone 11 Pro	1		检查内存
设备 2	手机支架		1		检查稳定性
设备 3	补光灯	SLP-T200	2	左右各摆一个	

续表

设备设置	
帧率	60fps
分辨率	1080p
取景视角	手机平行于书籍上倾斜 30 度

活动 2：拍摄与素材整理

根据脚本内容进行拍摄，确保每个镜头都符合脚本要求。在拍摄过程中要注意细节，灵活应对。拍摄结束后要检查素材，整理素材，保证素材的准确性、完整性。

（1）拍摄时需要注意一些细节，提高拍摄质量。

①手持图书进入画面的时候要稳。

②画线或是画圈的时候要匀速。

③拍摄要灵活，每个画面可以多角度进行拍摄。

④翻书及拖动图书要慢和稳。

（2）素材整理需要按照以下方式，方便剪辑，如图 2-2-4 所示。

图 2-2-4　素材整理方式

任务四　使用剪映电脑版剪辑短视频

按照脚本进行视频剪辑，在剪辑过程中注意细节和创意，以吸引更多观众的关注。

扫码观看操作流程

扫码观看样片

活动 1：导入素材

打开电脑版剪映，单击"开始创作"，进入剪辑界面，点击"导入"按钮，如图 2-2-5 所示。将所有的素材（配套资源：\素材文件\项目二制作书籍实物拍摄短视频素材\）全部导入"媒体"素材库中，如图 2-2-6 所示。导入的素材会以选择的先后顺序进行排列。

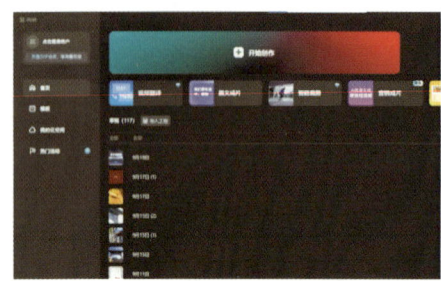 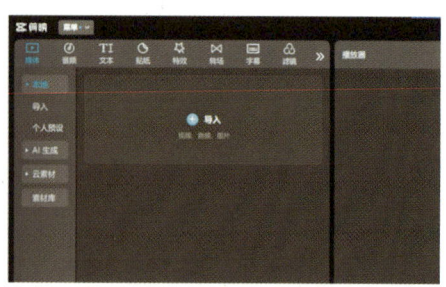

图 2-2-5　剪辑界面　　　　　　图 2-2-6　导入"媒体"素材库

活动 2：视频剪辑

（1）添加素材

在本地素材媒体库中，根据脚本找到作为片头的素材，单击"+"图标，或直接将素材拖入轨道中，如图 2-2-7 所示。

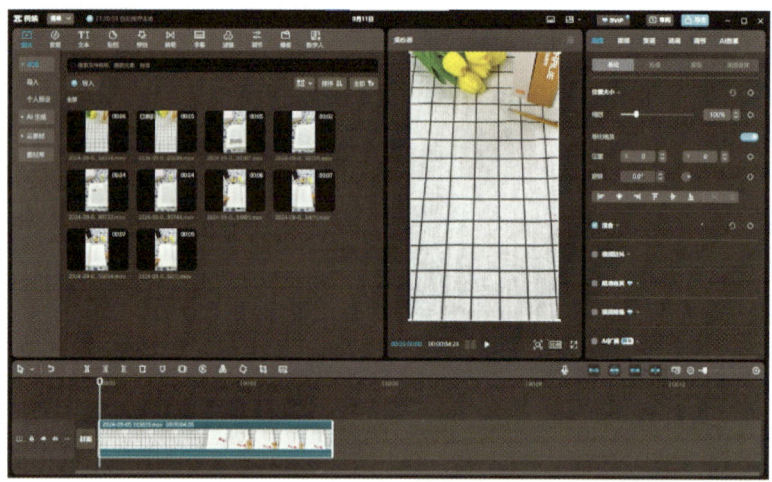

图 2-2-7　添加素材

（2）添加文本

单击"文本"菜单，选择"新建文本"，单击"默认文本"的"+"按钮，将文本添加到轨道中，如图 2-2-8 所示。

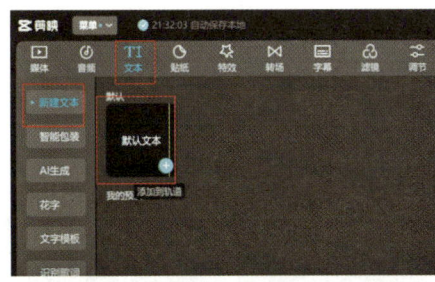 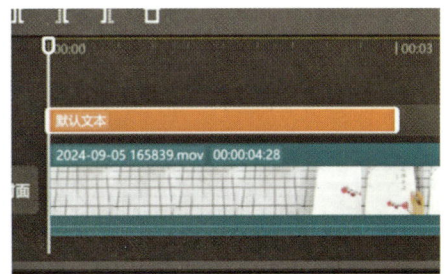

图 2-2-8　添加文本

（3）文本转声音

将事先写好的文案粘贴到文本框中，单击"朗读"菜单，选择合适的声音，将文本转换成旁白，如图 2-2-9 所示。

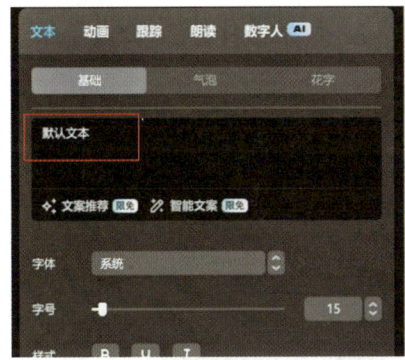 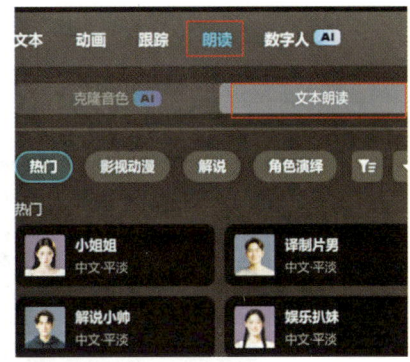

图 2-2-9　文本转声音

（4）细微调整

旁白检查无误后，将文案对应的所有素材拖入轨道，对相应旁白进行素材大小和位置的细微调整。

（5）添加片尾效果

选中片尾素材，单击"动画"菜单，选择"出场"，单击"渐隐"动画效果，如图 2-2-10 所示。

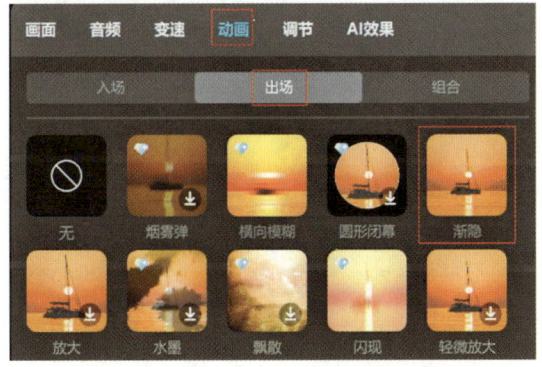

图 2-2-10　添加片尾效果

（6）添加背景音乐

单击"音频"菜单，选择"音乐素材"，在搜索框中输入"欢快"，搜索和欢快有关的音乐，找到适合的音乐拖入音频轨道，如图2-2-11所示。

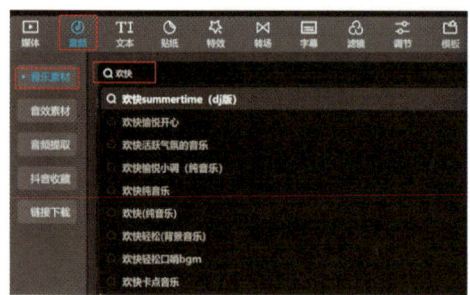

图 2-2-11　添加背景音乐

切记：背景音乐不能大于配音，单击"基础"菜单，拖动调节音量的按钮或直接输入数值，将背景音乐的"音量"调小，将旁白"音量"调大，如图2-2-12所示。

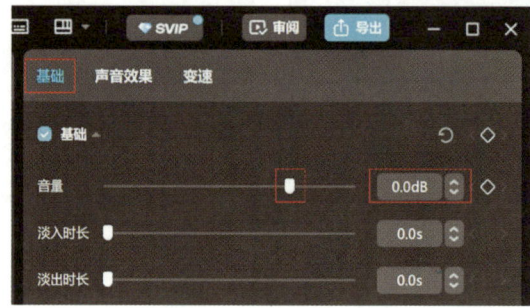

图 2-2-12　调节音量

（7）添加转场效果

单击"转场"菜单，在搜索框中搜索转场名称，将转场效果拖动到两段素材衔接处，如图2-2-13所示。

图 2-2-13　添加转场效果

（8）添加字幕

选中音频轨道中的素材"旁白",单击"文本"菜单,选择"智能字幕",单击"识别字幕"的"开始识别",如图 2-2-14 所示。

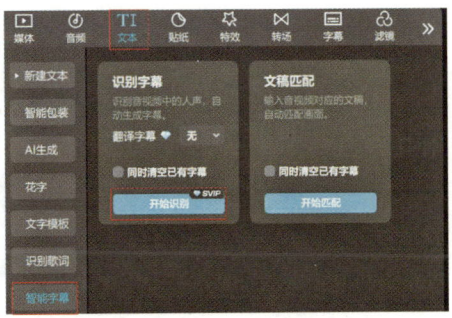

图 2-2-14 添加字幕

（9）设置文字样式

根据背景和书籍特点设置文字的字体、字号、颜色、字间距等样式,如图 2-2-15 所示,对比效果如图 2-2-16 所示。

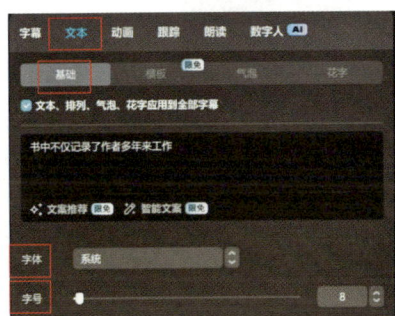 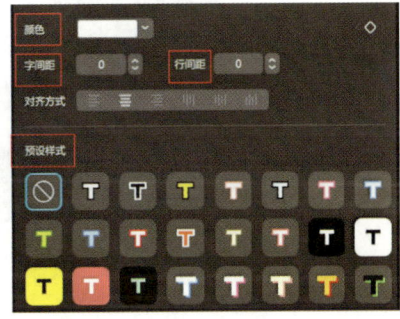

图 2-2-15 设置文字样式

图 2-2-16 对比效果图

活动3：设置封面

一个好的视频封面非常重要,封面是一个视频的门面,第一要吸引人,第二要介绍清楚视频的主题。具体设置方法如下：

单击轨道旁边的"封面"菜单，如图2-2-17所示。弹出封面选择窗口，挑选适合作封面的视频帧，单击选中，点"去编辑"菜单，如图2-2-18所示。

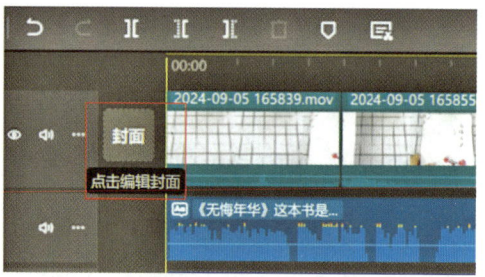

图2-2-17　封面设置

图2-2-18　编辑封面

在"封面设计"窗口，单击"文本"菜单，点"默认文本"添加封面标题。在文本框中输入封面标题，并对其进行字体、字号、颜色等的设置，设置好后单击"完成设置"，如图2-2-19所示。

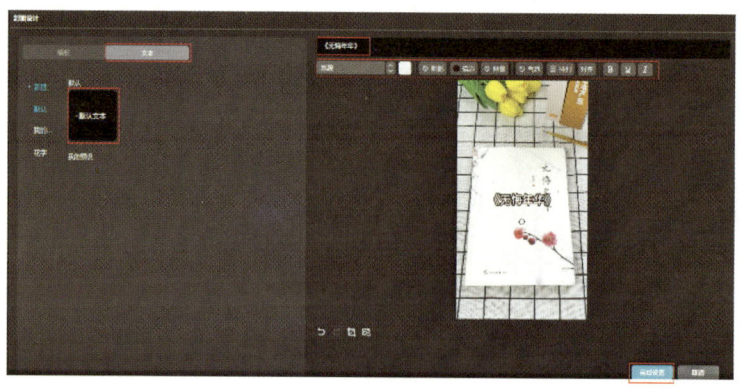

图2-2-19　封面设计

活动4：导出短视频

视频反复检查无误后，单击"导出"菜单，进行导出设置。设置好标题、保存路径、分辨率、帧率后，单击"导出"按钮完成视频的导出，如图2-2-20所示。

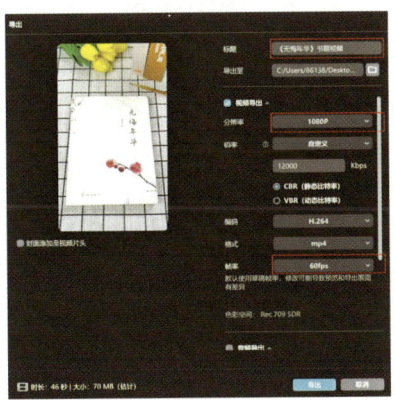

图 2-2-20　导出短视频

任务五　数据复盘与优化

进行数据复盘与优化可以帮助创作者全面了解书籍实物拍摄短视频的现状、识别问题、评估效果、优化策略，提升短视频的策划、拍摄、剪辑、运营的整体质量。我们利用"抖查查"平台模拟查看一下作品数据，并针对数据作出分析，给出具体的优化策略。

➤ 数据复盘

（1）打开抖查查网站

输入抖查查网址"https://www.douchacha.com/"，打开网站，如图2-2-21所示。在对话框中输入账号名称，单击搜索即可。

图 2-2-21　抖查查网站界面

（2）通过抖查查进行数据分析优化

项目数据如下：收藏量高，点赞率、评论数和分享率都相对比较低，如图 2-2-22 所示。

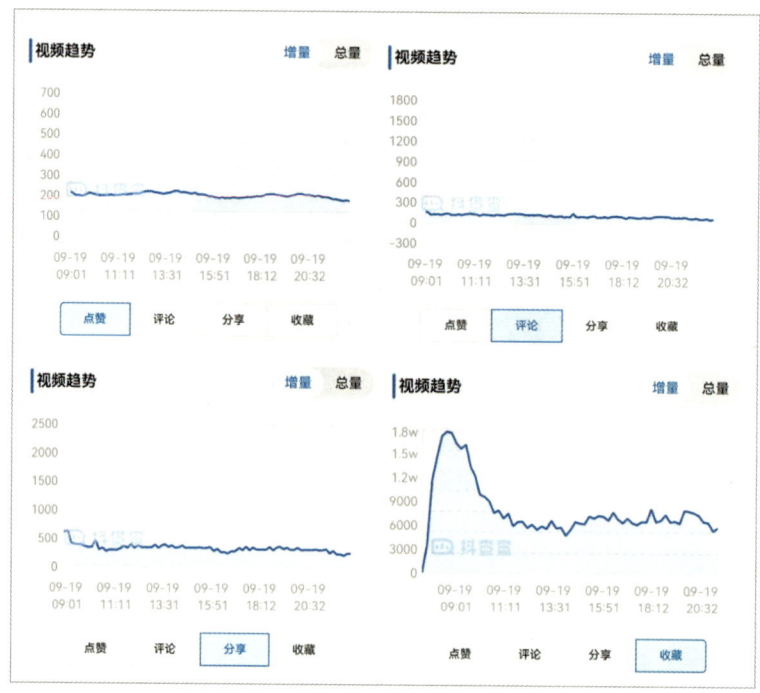

图 2-2-22　项目数据分析图

> 数据优化

针对以上数据，可以从内容、视觉、标题、推广策略、运营策略五个角度进行如下优化。

（1）内容优化

主要从以下几个方面着手，如图 2-2-23 所示。

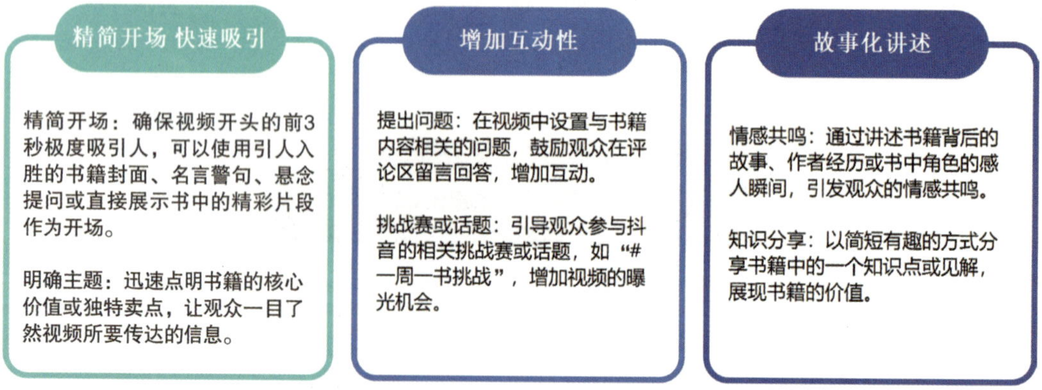

精简开场 快速吸引

精简开场：确保视频开头的前3秒极度吸引人，可以使用引人入胜的书籍封面、名言警句、悬念提问或直接展示书中的精彩片段作为开场。

明确主题：迅速点明书籍的核心价值或独特卖点，让观众一目了然视频所要传达的信息。

增加互动性

提出问题：在视频中设置与书籍内容相关的问题，鼓励观众在评论区留言回答，增加互动。

挑战赛或话题：引导观众参与抖音的相关挑战赛或话题，如"#一周一书挑战"，增加视频的曝光机会。

故事化讲述

情感共鸣：通过讲述书籍背后的故事、作者经历或书中角色的感人瞬间，引发观众的情感共鸣。

知识分享：以简短有趣的方式分享书籍中的一个知识点或见解，展现书籍的价值。

图 2-2-23　内容优化

(2) 视觉优化

①高质量画面：确保视频画质清晰，色彩鲜明，书籍封面或内页展示要精美。

②动态元素：适当添加动画、字幕、特效等动态元素，提升观看体验。

(3) 标题优化

主要从以下几个方面着手，如图 2-2-24 所示。

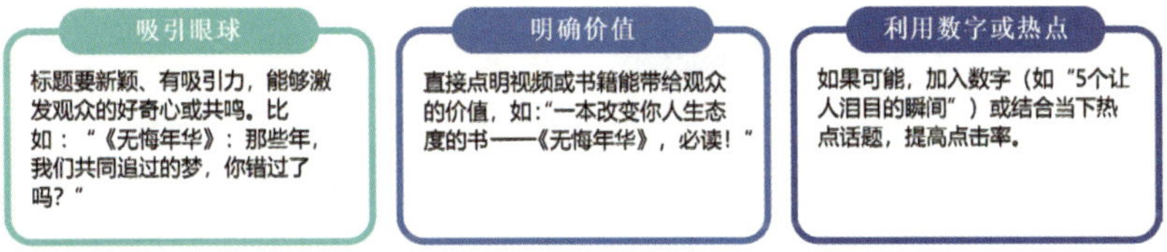

吸引眼球
标题要新颖、有吸引力，能够激发观众的好奇心或共鸣。比如："《无悔年华》：那些年，我们共同追过的梦，你错过了吗？"

明确价值
直接点明视频或书籍能带给观众的价值，如："一本改变你人生态度的书——《无悔年华》，必读！"

利用数字或热点
如果可能，加入数字（如"5个让人泪目的瞬间"）或结合当下热点话题，提高点击率。

图 2-2-24 标题优化

(4) 推广策略优化

主要从以下几个方面着手，如图 2-2-25 所示。

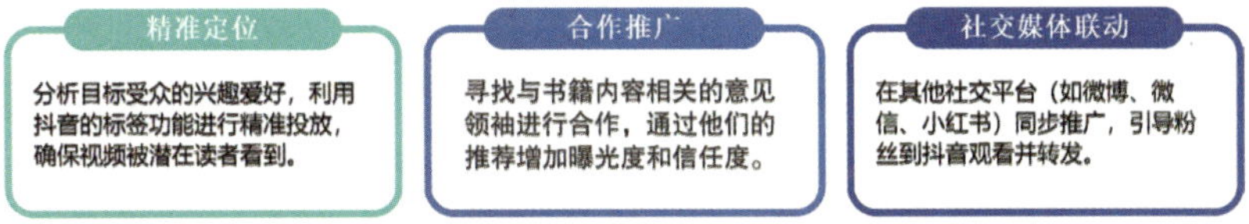

精准定位
分析目标受众的兴趣爱好，利用抖音的标签功能进行精准投放，确保视频被潜在读者看到。

合作推广
寻找与书籍内容相关的意见领袖进行合作，通过他们的推荐增加曝光度和信任度。

社交媒体联动
在其他社交平台（如微博、微信、小红书）同步推广，引导粉丝到抖音观看并转发。

图 2-2-25 推广策略优化

(5) 运营策略优化

主要从以下几个方面着手，如图 2-2-26 所示。

及时回复评论
积极与观众互动，对评论进行回复，特别是针对提问和反馈，展现真诚和专业的态度。

定期更新
围绕书籍内容，持续发布相关短视频，形成系列化，增加用户黏性。

数据分析与调整
定期分析视频数据，包括观看时长、点赞、评论、转发等，根据反馈调整内容策略和推广方向。

举办活动
如转发抽奖、书评征集等，利用奖励机制激励用户转发视频，扩大传播范围。

图 2-2-26 运营策略优化

💡 知识链接

1. 借鉴优质短视频账号

借鉴优质短视频账号，对提升创作质量和市场竞争力大有帮助。它能够让我们快速学习拍摄剪辑技巧，拓宽视野，激发灵感。通过模仿融合，作品会更精美、吸引人。这不仅关乎技能提升，还关乎个人风格的形成。

优质账号的成功秘诀在于其高流量和变现能力，学习其爆款视频的底层逻辑是关键。要拆解视频元素，理解叙事风格，把握情感传达和观众互动。理解爆款背后的逻辑，创新和改进现有元素，持续输出高质量内容，是稳步前行的关键。拆解对标步骤，如图2-2-27所示。

图2-2-27 拆解对标步骤

（注意：分析整个视频的逻辑和细节包括产品类型、目标人群、产品特色、画面等。）

 小贴士

拆解脚本结构：分解段落，厘清逻辑结构，构建脚本框架。

分析句式：研究句式特点，在保持原意、原情绪的基础上（特别是前3秒）改写表达。

分析关键词和意图：结合评论区分析哪些关键词（句子）能引起用户的共鸣。

2. 借助AI工具"豆包"进行文案优化、脚本撰写

（1）产品介绍

豆包AI是字节跳动公司基于云雀模型开发的一款免费AI工具，旨在提供聊天机器人、写作助手以及英语学习助手等功能。豆包具备普通问答、解释常识、数学计算、写文章等技术亮点。它采用先进的人工智能技术，包括语音识别、图像识别和自然语言处理能力，以实现智能化的交互体验。

豆包的主要功能还包括生成图片、听音乐、学习等，其使用门槛低，会中文即可使用。豆包还被称为AI聊天智能对话问答助手，能够为用户答疑解惑，提供灵感启发、辅助创作等服务，并能与用户畅聊任何其感兴趣的话题。

（2）使用技巧

在使用AI写文案时，正确使用提示词至关重要。它既可以明确主题方向，让AI精准聚焦核心主题、缩小范围，避免产生模糊或偏离主题的内容；又能塑造风格特色，决定语言风格和情感基调，增加文案的趣味性和感染力；还能丰富内容细节，要求AI包含特定信息或突出重点内容，使文案更加具体实用。以下列举了一些提示词框架，可以让AI快速帮你生成比较符合你想法的内容，如表2-2-6所示。

表 2-2-6　提示词框架

框架名称	框架介绍	优势
RTF	角色（R）：定义角色 任务（T）：说明特定的任务 格式（F）：说明你想用什么方式获得答案	非常具体，清晰定义角色和任务，易于理解和执行
TAG	任务（T）：说明特定的任务 行动（A）：描述需要做什么 目标（G）：说明最终想达到的目标	明确任务和目标，便于快速实施
APE	行动（A）：需完成的具体工作内容 目的（P）：说明行动的意图或目标 期望（E）：说明期望的结果或成功的标准	明确的行动指导，易于理解

学习评价

1. 学习过程评价

班级：＿＿＿＿＿＿＿＿　　姓名：＿＿＿＿＿＿＿＿　　组别：＿＿＿＿＿＿＿＿

序号	考核指标	等级（权重）				自评 30%	小组评 30%	教师评 40%
		优秀	良好	合格	需努力			
1	实训过程中遇到疑难，能通过请教老师、同伴和互联网检索等途径自主学习	5	4	3	2			
2	具有团队协作意识，学会与他人分享、交流，共同提高短视频制作和运营水平	5	4	3	2			
3	有创新思维，敢于尝试新的短视频表现形式	5	4	3	2			
4	能合理制订工作计划，在规定时间内完成任务，时间控制合理	5	4	3	2			
5	能遵守实训室规章制度，不迟到、早退	5	4	3	2			
6	能在交流中勇于发表意见、提出疑惑，乐于帮助他人学习	5	4	3	2			
7	具有责任心，对项目进度和质量负责	5	4	3	2			
各项总分：								
总　　分：								
我的自评：								
组内评语：								
教师评语：								

2. 理论考试（扫描二维码完成题目）

理论考试

3. 成果评价

班级：_____　　姓名：_____　　组别：_____

	考核指标	等级（权重）				自评 20%	小组评 20%	教师评 30%	企业导师评 30%
		优秀	良好	合格	需努力				
主观评价	能够分析书籍实物拍摄短视频的市场定位，能够洞察同类短视频的相关数据并分析要点，为创作提供有价值的参考	5	4	3	2				
	能够利用书籍实物拍摄短视频文案策划的方法，独立撰写分镜头脚本	5	4	3	2				
	能够利用书籍实物拍摄短视频素材选取原则，独立完成短视频素材的拍摄与整理	5	4	3	2				
	能够利用剪映App的剪辑技巧进行短视频的剪辑	5	4	3	2				
	能够利用"抖查查"查看数据，能够针对数据进行分析、复盘与优化，提高短视频质量和传播效果	5	4	3	2				
客观评价	文件命名符合规范	5	4	3	2				
	拍摄素材与主题相符	5	4	3	2				
	短视频风格统一、画面明暗统一、色调统一	5	4	3	2				
	衔接自然	5	4	3	2				
	镜头画面和解说词立意鲜明，无与主题不一致的画面	5	4	3	2				
	视频有配乐，解说词音量适当、清晰，与背景音乐协调	5	4	3	2				
	字幕清晰规范，文字正确、无错别字、无禁忌词	5	4	3	2				

续表

考核指标	等级（权重）				自评 20%	小组评 20%	教师评 30%	企业导师评 30%
	优秀	良好	合格	需努力				
各项总分：								
总　　分：								
我的自评：								
组内评语：								
教师评语：								

项目小结

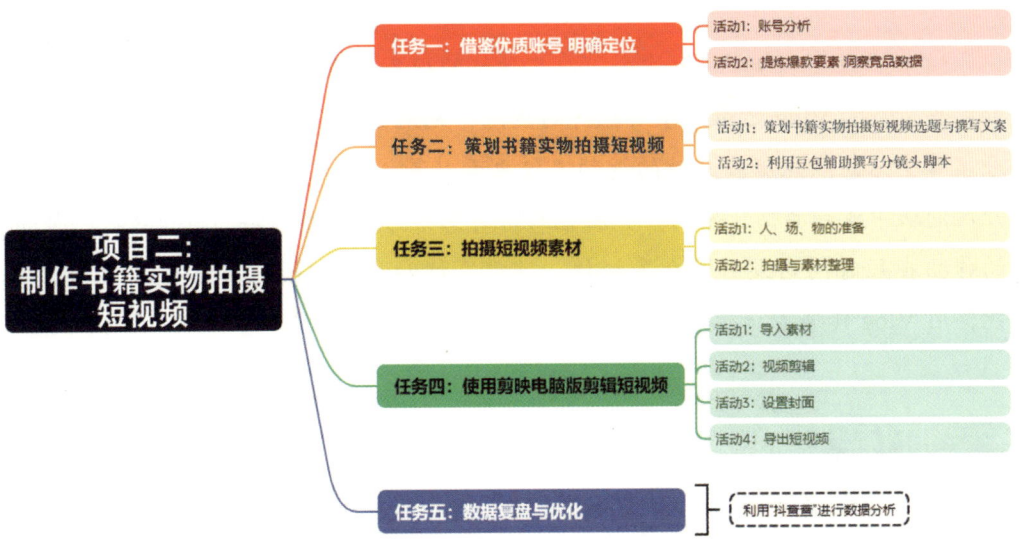

图 2-2-28　制作书籍实物拍摄短视频的思维导图

项目拓展练习

➤ 策划运营图书《解码中华文化基因》短视频

请扫描二维码完成项目拓展练习。

项目拓展练习

项目三　制作旅行 Vlog 短视频

（16 课时）

▶ 设计主题

制作旅行 Vlog 短视频

▶ 视频达人

橘子，一位 90 后 Vlog 博主，以其独特的视角和温暖的叙述风格在短视频界崭露头角。其 Vlog 之旅始于对旅行的热爱，她用镜头记录下走过的每一寸土地，分享着生活的点点滴滴。她的视频不仅画面精美，更充满了对生活的深刻感悟，让人们从中找到共鸣。她的声音温柔而富有感染力，加之精湛的剪辑技巧，使她的作品在短时间内吸引了众多粉丝。她以真诚和热爱，不断探索生活的无限可能，用 Vlog 传递着正能量和梦想的力量。

▶ 三维目标

知识目标

➢ 能够描述旅行 Vlog 短视频的含义。
➢ 能够列举旅行 Vlog 短视频文案策划的基本原则和方法。
➢ 能够概述"文心一言"智能助手的功能和应用场景。
➢ 能够说出旅行 Vlog 短视频的素材拍摄原则和技巧。
➢ 能够阐述"爱拍剪辑"软件和"蝉妈妈"的基本功能与使用方法。

能力目标

➢ 能够独立策划和撰写旅行 Vlog 短视频文案及脚本，提高内容创作能力。
➢ 能够灵活运用"文心一言"智能助手辅助撰写文案、分镜头脚本，提升工作效率。

- 能够根据旅行 Vlog 短视频的素材选取原则，独立完成短视频素材的拍摄采集。
- 能够运用"爱拍剪辑"进行视频剪辑、制作和分享，提高视频制作技能。
- 能够运用"蝉妈妈"进行短视频数据分析，优化内容策略。

素质目标

- 树立版权意识，尊重他人的知识产权，遵守相关法律法规。
- 培养创新思维和审美观，提高内容创作的质量和吸引力。
- 提升团队协作能力，善于与他人沟通、分享和交流。
- 培养敏锐的市场洞察力，把握行业动态，为内容创作提供方向。
- 树立正确的价值观，通过内容创作传播正能量，为社会贡献力量。

项目任务书

项目名称：制作旅行 Vlog 短视频

1. 项目背景

随着网络技术的发展和短视频平台的兴起，Vlog 已经成为越来越多人记录生活、分享心得的方式。本项目旨在制作一部具有观赏价值、能让观众产生情感共鸣的旅行 Vlog 短视频，展示魅力无限的旅游胜地和旖旎迷人的自然风光，传递积极向上的生活态度。

2. 项目目标

（1）记录一次难忘的旅行经历，展现美丽的自然风光和人文景观。
（2）通过短视频传递旅行中的所思所感，让观众产生共鸣。
（3）提高个人在短视频平台的影响力，吸引更多粉丝关注。

3. 项目内容

在快节奏的现代生活中，旅行成为人们放松心情、探索未知的重要方式之一。为了记录并分享这些宝贵的旅行经历，我们计划启动《南锣鼓巷——一镜风情，穿越古今！》项目。该项目旨在通过视频的形式，将旅行中的所见所闻、所感所悟以生动、直观的方式呈现给观众，让观众仿佛身临其境，一同感受旅行的乐趣与意义。该项目是一个集旅行记录、文化传播、个人品牌建设于一体的综合性项目，全面覆盖了从创意策划到成品发布，再到运营推广与数据反馈的流程。我们可以通过精心策划和制作，打造出高质量的 Vlog 短视频内容。

4. 项目时间表

（1）团队分工、选题策划：3课时

（2）拍摄准备：1课时

（3）实地拍摄：4课时

（4）后期制作：4课时

（5）发布与推广：1课时

（6）复盘优化：3课时

5. 项目团队

（1）导演/编导：负责整个项目的创意构思、拍摄计划和团队协调。

（2）摄像师：负责拍摄工作，包括布景、光控、镜头运用等。

（3）剪辑师：负责视频剪辑、调色等工作。

（4）配音师：负责视频的配音。

（5）运营人员：负责作品的发布、推广、数据分析和优化工作。

6. 项目预算

（1）拍摄费用：内部团队拍摄，除了车费，不需要额外费用。

（2）视频制作费用：内部团队制作，不需要额外费用。

（3）推广费用：低成本推广渠道（有少量费用投入）。

7. 项目风险与应对措施

（1）天气因素：提前关注拍摄地的天气情况，做好应对措施。

（2）设备故障：准备备用设备，确保拍摄顺利进行。

（3）时间延误：合理安排行程，确保项目按计划进行。

（4）作品质量：加强团队成员的技能培训，提高作品质量。

8. 项目评估

（1）画面质量：画面清晰、色彩饱满、构图美观。

（2）内容丰富度：内容充实、结构清晰、富有情感。

（3）观众反馈：观看量、点赞量、评论量等。

（4）作品传播度：平台推荐、转发量、粉丝增长等。

> **任务实施**

任务一 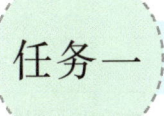 借鉴优质账号 明确定位

通过分析对标账号短视频，创作者可以学习到旅行 Vlog 优质账号短视频许多关于内容创意、拍摄技巧、剪辑与后期制作、营销与推广、用户互动与反馈等方面的宝贵经验。这些经验对于提升我们的旅行 Vlog 短视频创作能力、拓展旅游市场以及提升个人旅行体验都具有重要意义。

活动 1：搜集同类短视频的相关数据

搜集旅行 Vlog 优质短视频并进行分析，旨在深入理解其内容创作策略、受众定位、市场表现及影响力，以便从中汲取灵感、借鉴成功经验，提升内容质量和市场竞争力。表 2-3-1 是抖音对标账号"橘子"的相关信息，供读者参考学习。

表 2-3-1 抖音对标账号"橘子"的相关信息

对标账号名称	橘子
对标账号定位	旅行、美食、生活分享类自媒体，主要聚焦于高品质旅行体验和生活方式的分享
目标人群	主要目标人群为对生活品质和旅行体验有追求的年轻人，包括上班族和学生。这类人群对文艺、精致的内容有较高的接受度，喜欢通过视频了解不同的旅行目的地和文化
内容主题	旅行体验：分享热门及小众旅行目的地的美景、美食和文化 美食探索：介绍各地特色美食及其背后的故事 生活态度：传递积极向上的生活态度和价值观，如不放弃的精神、对美好生活的追求等
内容特色	文案优美：橘子的文案以深情、文艺著称，能够引起观众的情感共鸣 画面精致：视频画面高清且富有美感，注重细节和构图 融合多种元素：视频中常融入音乐、故事情节和互动元素，使内容更加丰富多元 个性化人设：橘子通过短视频和直播展现了自己独特的个性与生活态度，增强了粉丝的黏性

续表

互动情况	互动频繁：橘子经常在短视频和直播中与粉丝进行互动，回答粉丝问题，分享生活点滴 粉丝管理：注重粉丝管理，通过关注新粉、回关粉丝等方式，积极与粉丝建立联系，并及时回复粉丝的评论和建议 话题设置：通过话题设置等方式，增强短视频的传播力和影响力，提高账号的曝光度和互动性
发布平台	抖音
视频时长	普遍在1～5分钟之间，多数集中在1分钟左右，符合短视频时代下大众对于视频时长的喜好倾向

表2-3-2是对标账号"橘子"发布的"穿越千年晋韵，探秘山西古韵之旅Vlog"的短视频数据分析。

表2-3-2 "穿越千年晋韵，探秘山西古韵之旅Vlog"的短视频数据分析

账号名称	橘子	内容主题	穿越千年晋韵，探秘山西古韵之旅Vlog
发布平台	抖音	视频时长	1分29秒
目标群体	对旅行、文艺和自然风光有浓厚兴趣的年轻观众，尤其是那些喜欢深度体验和文化探索的观众		
风格	个性化与独特性：视频中融入了强烈的个人风格和态度。她通过视频分享自己的旅行体验和感悟，使观众感受到独特的景色和情感 情感共鸣：她通过讲述个人故事和经历，使观众在情感上产生共鸣		
剪辑节奏	多样化场景与角度：视频在剪辑上采用了多种场景和角度，避免了单一性，显得更加生动和有趣 紧凑的故事线：虽然视频时长较短，但内容紧凑，有效地传达了旅行的精髓和情感		
互动情况	点赞：7,526　评论：2,631　收藏：3,236　转发：2,654 与粉丝的互动：在视频文案和内容上善于引导观众互动，如通过提问或分享个人故事激发观众进行评论和分享 与粉丝的情感联结：她通过视频与粉丝建立了一种亲密的联系，如在视频中分享个人经历，使观众感觉像是在与朋友交流		

活动2：提炼爆款要素 洞察竞品数据

拆解爆款短视频并提炼要素与数据，需要关注内容创意、用户互动、画质音效等。分析视频选题、情感共鸣点、视觉呈现与剪辑节奏，提炼其成功要素。同时，运用数据分析工具收集播放量、点赞量、评论数等关键指标，洞察用户偏好与市场趋势。通过对比竞品，优化自身策略，创新内容形式，提升短视频质量与传播力。我们对爆款要素、方式和目的进行分析，如表2-3-3所示。

表 2-3-3　爆款短视频的爆款要素、方式和目的

爆款要素		方式	目的
明确富有感染力的主题设定	生活方式呈现	不仅仅是对旅行或景点的记录，更是对一种生活方式的呈现。通过视频，她向观众展示了一种理想化的生活状态	激发观众的向往和追求
	情感共鸣	将旅行、生活等元素与观众的情感需求相结合，创造出具有感染力的内容	触动人心，引发观众的情感共鸣
精准目标受众定位	用户画像	通过构建用户画像，明确目标受众的兴趣、需求和偏好，在策划视频之前，对目标受众进行深入的了解和分析	为用户量身定制符合其口味的内容
	定点投放	基于对用户行为习惯的分析，她还会选择合适的时间段发布视频。例如，在工作日中午和傍晚等用户较为空闲的时间段发布视频，以获得更多的观看和分享	确保视频能够获得最大限度的曝光和关注
拍摄方面	多角度拍摄	从多个角度拍摄同一场景	展现丰富的画面内容
剪辑技巧	节奏控制	通过快慢结合的剪辑方式，使视频内容更加紧凑且富有张力	吸引观众的注意力，并让他们在观看过程中保持兴趣
	音乐与画面的结合	选择适合视频氛围的音乐，并将其与画面完美结合	增强视频的情感表达，使观众更加沉浸其中
	画面选取与拼接	精准地选取最具代表性的画面，利用巧妙的拼接，使视频内容连贯且富有故事性	这种技巧要求剪辑师具备敏锐的洞察力和良好的审美能力
构图方法	平衡与对称	经常出现平衡和对称的构图	画面更加美观，给人一种稳定和谐的感觉
	前景与背景	利用前景和背景的对比与呼应，营造出层次感丰富的画面	增加画面深度，使观众感受到更广阔的景色
	留白	注重留白空间，避免画面过于拥挤	让观众的视线得到休息，并适时引导观众的注意力，使画面更加具有吸引力
转场技巧	相似体转场	通过相似的动作或物体来转场，如通过相似的景色或动作来连接不同的场景	使画面过渡自然且富有视觉冲击力
	声音转场	通过音乐的渐入渐出或自然的声音效果来连接不同的片段	利用声音的前置或后置来引导观众的注意力，实现画面的平滑过渡
	遮挡转场	通过巧妙地利用遮挡物来实现场景的转换	当镜头被物体完全或部分遮挡时，可以自然地切换到下一个场景

 策划旅行 Vlog 短视频

策划旅行 Vlog 短视频的文案和脚本旨在精准传达旅行魅力，通过精心规划的叙事结构与亮点提炼，引发观众产生情感共鸣，促进视频的传播，同时强化品牌形象，提升观众的参与感。

活动 1：策划旅行 Vlog 短视频选题 撰写文案

本任务旨在通过精心策划选题和撰写吸引人的文案，制作出既具有创意又能够触达目标受众的短视频内容。通过精心策划旅行 Vlog 短视频选题与撰写文案，可吸引目标观众、传达旅行体验与情感、提升品牌形象与影响力，为观众带来愉悦的观看体验并推动旅游行业的发展。表 2-3-4 是"南锣鼓巷：一镜风情，穿越古今"Vlog 短视频的创作文案示例。

表 2-3-4 "南锣鼓巷：一镜风情，穿越古今"Vlog 短视频的创作文案

主　　题	南锣鼓巷——一镜风情，穿越古今
正文内容	目的地介绍：南锣鼓巷 游览路线：从门牌"南锣鼓巷"开始，漫步在青石板路上，古色古香的建筑映入眼帘，仿佛瞬间穿越回了旧时光。南锣鼓巷里藏着无数的宝藏小店。特色小吃让人垂涎欲滴，从老北京卤煮到爆肚儿，从糖葫芦到驴打滚，每一口都能品尝到地道的北京味道。创意十足的手工艺品店，让你可以挑选到独一无二的纪念品。但更为引人注目的是，这里还保留着非物质文化遗产的璀璨光芒——吹糖人。这里不仅有美食和特色纪念品，更有浓厚的文化氛围。古老的胡同承载着北京的记忆，名人故居散发着历史的韵味 特色景点介绍：古色古香的建筑，老北京卤煮、爆肚儿、糖葫芦、驴打滚等特色美食，创意十足的手工艺品店、非物质文化遗产吹糖人，古老的胡同，名人故居 文化体验：一个将古都韵味与现代风尚交织得恰到好处的梦幻之地 旅行感悟：你可以在这里感受到北京的独特魅力，领略这座古老城市的深厚底蕴
结　　尾	来北京旅游，一定要来南锣鼓巷。让我们一起在这个充满活力的地方，留下美好的回忆吧
互动引导	你最喜欢南锣鼓巷的哪个部分？或者你有什么关于南锣鼓巷的秘密想告诉我？在评论区留言，让我们一起探索南锣鼓巷的奥秘

活动 2：利用"文心一言"辅助撰写分镜头脚本

将已有的旅行 Vlog 策划文案作为创意蓝本，依托 AI 技术的智能分析与创作能力，

从中提炼出核心亮点与情感共鸣点。

（1）明确旅行 Vlog 短视频必拍脚本镜头

①具体场景（交代环境和具体场景）：南锣鼓巷牌楼、胡同、故居、小吃街、工艺品店。

②当地的美食、人文景观（体现当地特色，更加真实）。

③过渡镜头（作为从一个地点到另外一个地点的转场和过渡）：天空、大地、路上等一些空镜头。

（2）前期准备

①打开文心一言的官网（https://yiyan.baidu.com/）。

②使用百度账号或手机号登录文心一言，初始界面如图 2-3-1 所示。

图 2-3-1　文心一言的初始界面

（3）撰写分镜头脚本

向 AI 提供尽可能详细和具体的指令，包括你想要探索的地点、希望展现的活动等。详细的指令有助于 AI 更准确地理解你的需求并生成符合预期的脚本。

①在会话框中输入提示词"请根据以下文案，帮我撰写一份题为'南锣鼓巷：一镜风情，穿越古今'的短视频分镜头脚本，脚本内容包括序号、镜头描述、画面内容、旁白/台词、音效，以表格的形式呈现"。然后，点击"Shift+回车"按钮，如图 2-3-2 所示。

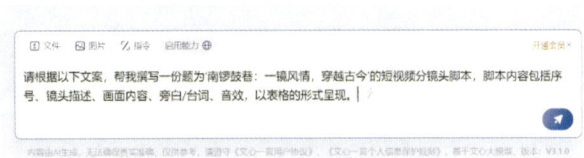

图 2-3-2　文心一言的会话框

②导入文案。

➢ 将活动策划文案表格中内容概述的文本继续粘贴到会话框中。

➢ 单击"发送 ➤"按钮,文心一言将自动生成文案内容,如图2-3-3所示。

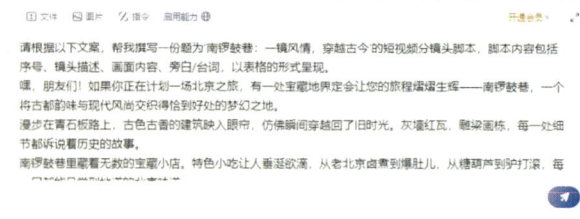

图2-3-3 文心一言生成的部分文案

➢ 生成的脚本如图2-3-4所示。

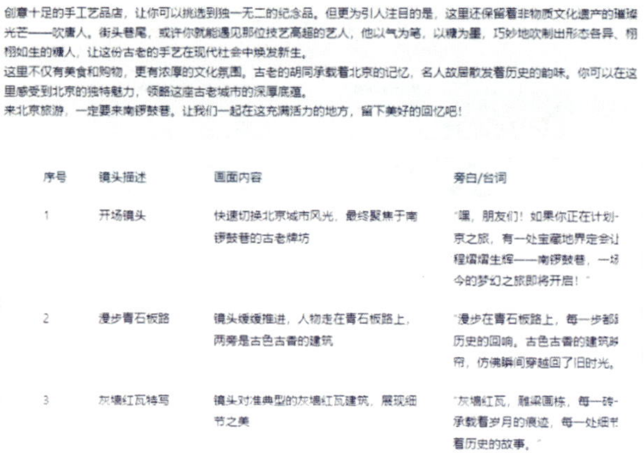

图2-3-4 文心一言生成的脚本表格

③接着,继续根据AI提示进行修改,也可以继续在提示框中输入提示词进行完善。例如,若想让AI帮忙加上时长,可以这样写:"根据以上内容每个镜头帮我加上相应的时长,表格多加一列时长的内容。"再次生成的脚本如图2-3-5所示。

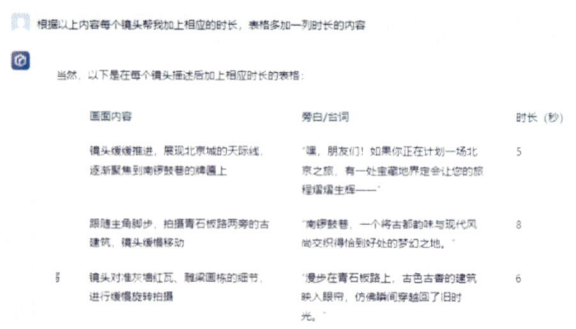

图2-3-5 文心一言根据指令再次生成的脚本表格

（4）修改与完善

根据实际情况，对分镜头脚本进行修改和完善。

①审核与修改：AI生成的脚本可能包含一些不符合实际或不够生动的部分，要根据需要进行修改和调整，确保每个镜头都符合视频的整体风格和主题，具有吸引力和趣味性。

②考虑逻辑与连贯性：在编写分镜头脚本时，要注意镜头之间的逻辑关系和连贯性，确保每个镜头都能自然地过渡到下一个镜头，形成一个完整的故事或体验流程。

③结合实际情况：虽然AI可以提供创意和灵感，但最终还是要结合实际情况来编写脚本。创作者应考虑拍摄现场的条件、可用的资源以及团队成员的能力等因素，确保脚本具有可行性和可操作性。

④保持原创性：尽管AI可以生成大量内容，但保持视频的原创性仍然非常重要。创作者应避免直接复制粘贴AI生成的脚本内容，而是将其作为一个起点，结合自己的想法和创意进行创作。

⑤测试与反馈：在正式拍摄之前，可以尝试用草图或动画形式模拟脚本中的镜头效果，以获取初步的反馈。这有助于创作者发现潜在的问题并进行调整，确保最终的视频效果符合预期。

（5）分享与合作

将分镜头脚本分享给团队成员，大家一起沟通、讨论，进一步优化脚本内容。

以下是优化整理后的完整分镜头脚本内容，如表2-3-5所示。

表2-3-5 完整分镜头脚本

镜号	景别	画面内容	配音	时长
1	远景	远景拍摄南锣鼓巷的牌楼，逐渐拉近、旋转、拉远	嘿，朋友们！如果你正在计划开展一场北京之旅，有一处宝藏地定会让你的旅程熠熠生辉——南锣鼓巷	25秒
2	特写、全景	青石板路两旁古色古香的建筑	漫步在青石板路上，古色古香的建筑映入眼帘，仿佛瞬间穿越回了旧时光	5秒
3	近景	灰墙红瓦，特写雕梁画栋的细节	灰墙红瓦，雕梁画栋，每一处细节都诉说着历史的故事	13秒
4	中景	镜头扫过南锣鼓巷内的小吃摊，展示卤煮、爆肚儿、糖葫芦、驴打滚等特色小吃	南锣鼓巷里藏着无数的宝藏小店。特色小吃让人垂涎欲滴，从老北京卤煮到爆肚儿，从糖葫芦到驴打滚，每一口都能品尝到地道的北京味道	19秒

续表

镜号	景别	画面内容	配音	时长
5	全景、特写	展现南锣鼓巷的热闹场景，人们品尝小吃、挑选手工艺品	创意十足的手工艺品店，让你可以挑选到独一无二的纪念品	8秒
6	特写	吹糖人艺人吹制糖人的手部动作，糖人逐渐成形	更为引人注目的是，这里还保留着非物质文化遗产的璀璨光芒——吹糖人。你在街头巷尾或许能遇见那位技艺高超的艺人，他以气为笔，以糖为墨，巧妙地吹制出形态各异、栩栩如生的糖人	35秒
7	慢推镜头	古老的胡同，镜头缓缓推近至一处名人故居的门口	这里不仅有美食和购物，更有浓厚的文化氛围。古老的胡同承载着北京的记忆，名人故居散发着历史的韵味	14秒
8	全景	南锣鼓巷全貌，人来人往，充满生机与活力	你可以在这里感受到北京的独特魅力，领略这座古老城市的深厚底蕴	5秒
9	全景	镜头逐渐拉近，展现南锣鼓巷牌楼，镜头旋转，又逐渐拉远拍摄牌楼	来北京旅游，一定要来南锣鼓巷。让我们一起在这充满活力的地方，留下美好的回忆吧	6秒
10	结尾画面	镜头从右向左摇，拍摄南锣鼓巷，最终，画面定格牌楼	南锣鼓巷，等你来探索，让每一次旅行都成为难忘的记忆	13秒

任务三　获取优质的短视频素材

在制作旅行短视频的过程中，拍摄素材的质量与多样性对于最终剪辑出引人入胜的视频作品来说至关重要。优质的素材能够捕捉到旅行中的独特风光、人文情感以及难忘瞬间，为剪辑师提供丰富的素材库，使视频内容更加生动、丰富且富有感染力，引导观众沉浸于旅行的美妙体验之中，从而留下深刻印象。

活动1：人、场、物的准备

根据既定的主题与详细脚本，精心准备人物、场景与道具，是至关重要的环节。只有做到精准无误、细致入微的准备，我们才能拍摄出令人满意的视频作品。

（1）熟知素材拍摄的整体流程

熟知素材拍摄的整体流程能提高拍摄效率，避免混乱与重复劳动，节省时间和精力，还可确保拍摄质量，增强团队协作，让成员明确职责，配合默契，拍摄优质素材，具体流程如图 2-3-6 所示。

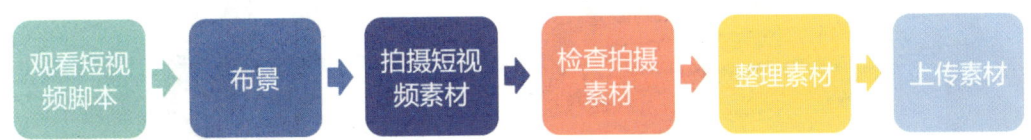

图 2-3-6　素材拍摄的整体流程

（2）关于人、场、物的具体准备

依据主题和脚本可做如下关于人、场、物的具体准备，如表 2-3-6 所示。

表 2-3-6　关于人、场、物的具体准备

短视频主题	制作旅行 Vlog 短视频——南锣鼓巷
帧率	60fps
分辨率	1080p
拍摄场景	南锣鼓巷门牌、青石板路、古色古香的建筑、商铺门面、各种小吃门面、各种小吃特写、工艺品店门面、工艺品店特写、胡同、故居
人物	路人
拍摄设备	手机、三脚架、云台

活动 2：获取与整理素材

获取与整理素材是视频制作的关键两步。高质量拍摄能捕捉精彩瞬间，为剪辑提供材料。整理则是分类、筛选素材，让剪辑师更快找到所需要的内容，省时省力。获取与整理共同决定了旅行短视频的质量和观众感受。

（1）拍摄视频素材

善用运镜技巧，可增加画面的灵动感。

推镜头和旋转镜头：推镜头强调主体，放大细节，引导观众的视线，营造氛围；旋转镜头则赋予画面动态感，增强视觉冲击力，表现旋转场景，并表达特定情感。两者各有特色，结合使用可丰富视频的表现力，如图 2-3-7 所示。

环绕运镜：环绕运镜能增强视觉动感，多角度展示主体，丰富画面层次，营造独特氛围，提升视频观赏性，如图 2-3-8 所示。

特写镜头： 特写镜头可强化细节，增强视觉冲击力，引导观众深入观察，如图 2-3-9 所示。

图 2-3-7　运用推镜头和旋转镜头拍摄南锣鼓巷牌坊

图 2-3-8　运用环绕运镜拍摄南锣鼓巷的街景

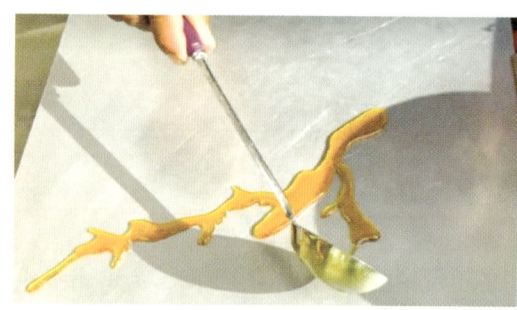 

图 2-3-9　运用特写镜头拍摄美食

（2）获取音频素材

打开 Adobe Audition 音频剪辑软件，进行口播音频录制，如图 2-3-10 所示。

（3）整理素材

拍摄后，整理素材至关重要。首先，整理素材有助于提高后期制作的效率。通过有序管理和预筛选，不仅能确保剪辑师使用高质量内容，还能保证视频内容的连贯性和逻辑性，使故事线清晰、有条理。其次，整理素材的过程也是精选素材、统一色彩和风格的关键，有助于提升视频的

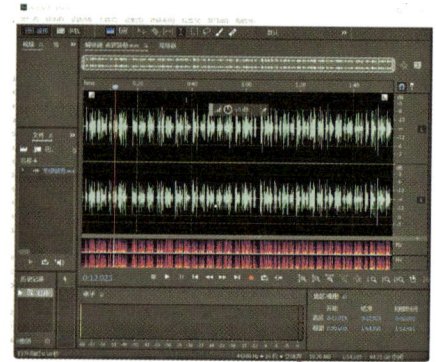

图 2-3-10　Adobe Audition 音频剪辑界面

整体质量。整理后的素材如图 2-3-11 所示。

图 2-3-11 整理后的素材界面

任务四　使用"爱拍剪辑"电脑版剪辑短视频

通过精准剪辑，展现旅途的精彩瞬间，捕捉那些触动人心、引人入胜的故事情节，吸引更多观众的关注，提升观看体验，让他们对旅行 Vlog 短视频更加喜爱。

扫码观看操作流程　　扫码观看样片

活动1：导入素材

打开电脑版的"爱拍剪辑"软件，单击"视频剪辑"，进入剪辑界面，如图 2-3-12 所示。点击"导入"按钮或双击媒体库，将所有的素材（配套资源：/素材文件/项目三 旅行 Vlog 短视频素材/）全部导入"媒体"素材库，如图 2-3-13 所示。导入的素材会以选择的先后顺序进行排列。

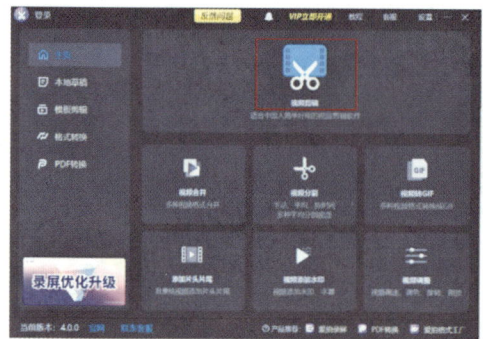 

图 2-3-12 "爱拍剪辑"电脑版剪辑界面

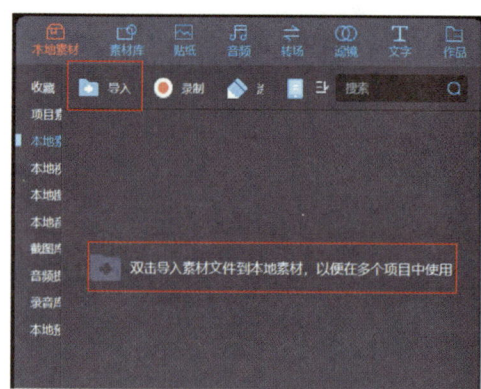 

图 2-3-13 "爱拍剪辑"中的导入素材操作界面

活动 2：剪辑视频

（1）加入旁白

在媒体库中找到已经录制好的音频素材"南锣鼓巷.WAV"，单击"+"按钮或拖动，将其加入音频轨道中，如图 2-3-14 所示。

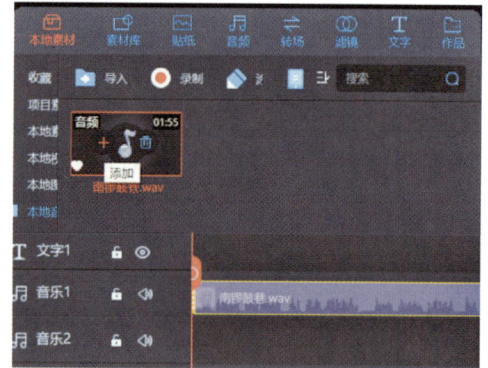

（2）添加素材

根据脚本顺序将所有素材加入视频轨道中，如图 2-3-15 所示。

图 2-3-14 "爱拍剪辑"中加入旁白的操作界面

图 2-3-15 "爱拍剪辑"中添加素材的操作界面

（3）裁剪素材

选中需要裁剪的素材，将"时间指示器"定位在需要裁剪的位置，单击小剪刀形状的"裁剪"按钮，将素材裁剪成两个部分。裁剪后，可根据需要进行位置的细致调整（拖动素材）和删除（按键盘上的 Delete 键或单击右键在快捷菜单中单击"删除"菜单），如图 2-3-16 所示。

（4）变速调节

有些素材的播放速度需要调快或调慢一些，我们选中需要变速的素材，单击"变速"菜单，在"数值框"中直接输入数值或单击"向上向下"的箭头按钮进行变速，如图 2-3-17 所示。

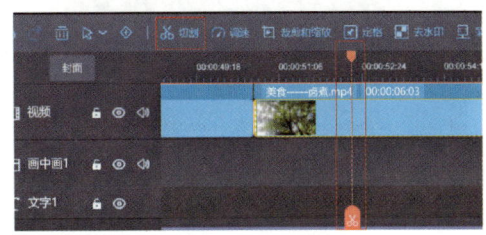

图 2-3-16 "爱拍剪辑"中裁剪素材的操作界面　　图 2-3-17 "爱拍剪辑"中变速调节的操作界面

（5）剪辑素材

对所有素材进行相应的剪辑。

（6）添加转场

为了给视频增加效果，可以加入适合的转场。如果需要在片段 A 和 B 之间加入转场效果，首先需要选中片段 A，如图 2-3-18 所示，再单击"转场"菜单，找到适合的转场效果，拖动到片段之间或单击"+"即可添加成功，如图 2-3-19、图 2-3-20 所示。

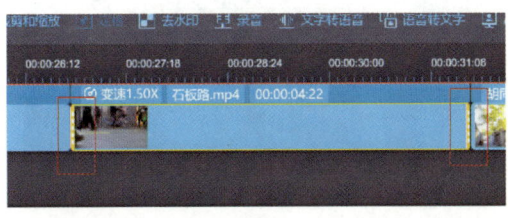

图 2-3-18 "爱拍剪辑"中选中片段的界面

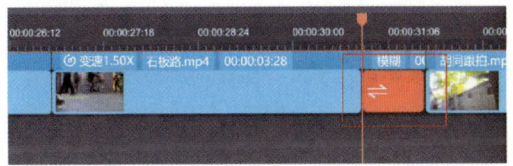

图 2-3-20 "爱拍剪辑"中添加转场效果的操作界面　　图 2-3-19 "爱拍剪辑"中的转场效果菜单

(7)添加背景音乐

①单击"音频"菜单,选中适合的音频类型和音乐,单击"+"或拖动到音频轨道即可添加成功,如图 2-3-21 所示。

②添加后,将过长的音乐进行裁剪删除,拖动"音乐音量"的调节按钮,将音量调小(音乐的音量不能盖过配音);选中"声音淡出",拖动按钮给背景音乐结尾增加一个淡出效果,如图 2-3-22 所示。

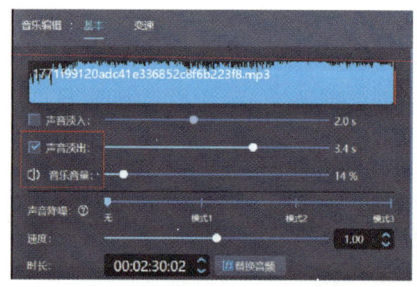

图 2-3-21 "爱拍剪辑"中的音频界面　　图 2-3-22 "爱拍剪辑"中的音乐编辑界面

(8)为片头片尾添加标题

为了让短视频在第一时间引起用户关注,需要为短视频制作一个精美的片头,并起一个好听的名字。具体操作如下:

①单击"文字"菜单,找到适合的标题模板,单击"+"并拖动,将其添加到文字轨道当中,如图 2-3-23 所示。

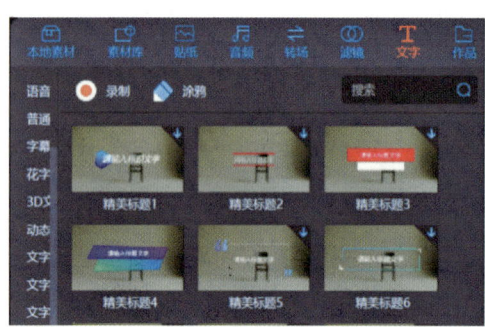
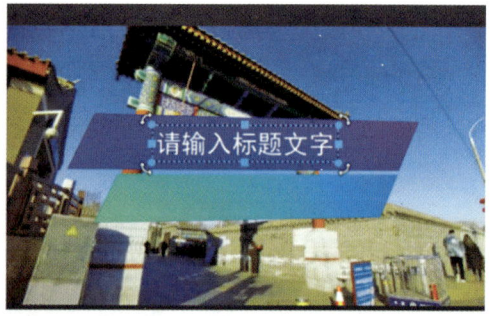

图 2-3-23 "爱拍剪辑"中添加标题的操作界面

②添加好后,在文字选项卡中进行标题文字"南锣鼓巷 一镜风情 穿越古今"的输入及字号、字体、颜色等设置,如图 2-3-24 所示。

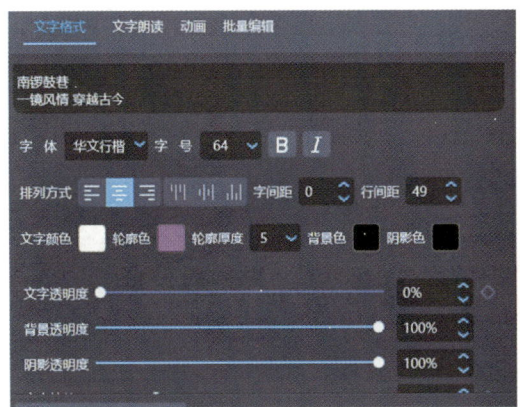 

图 2-3-24 "爱拍剪辑"中标题文字格式的设置界面

③片尾处的标题添加方式同上。

活动 3：导出视频

（1）导出设置

单击"导出"按钮，如图 2-3-25 所示。弹出"导出"选项，在选项中输入文件名字"南锣鼓巷 Vlog"，选择导出路径，选择视频尺寸为"1080P"，视频帧率为"60fps"，如图 2-3-26 所示。

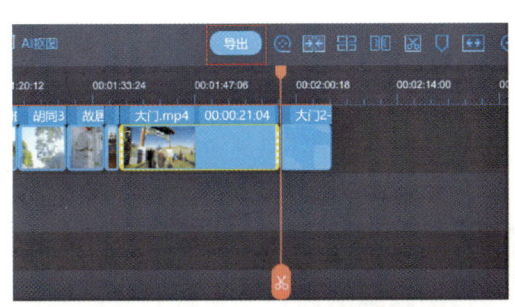 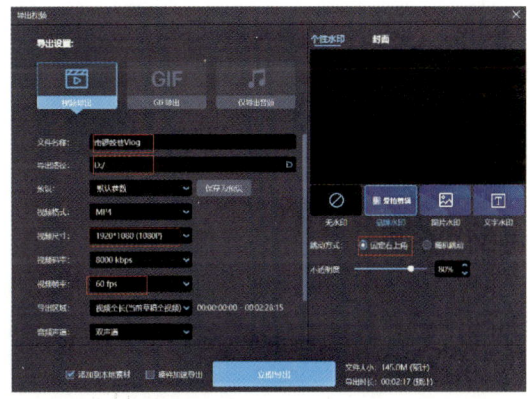

图 2-3-25 "爱拍剪辑"中导出视频的操作界面　　图 2-3-26 "爱拍剪辑"中导出视频的导出设置界面

（2）添加封面

单击"封面"菜单，点击"添加封面"按钮，在弹出的"封面调整"选项中，单击"选取封面"，拖动"移动"按钮选择适合做封面的帧，单击"确认"，封面添加成功，如图 2-3-27 所示，（也可以导入事先制作好的封面，单击"导入封面"即可）设置好后，单击"立即导出"按钮便可导出视频。

 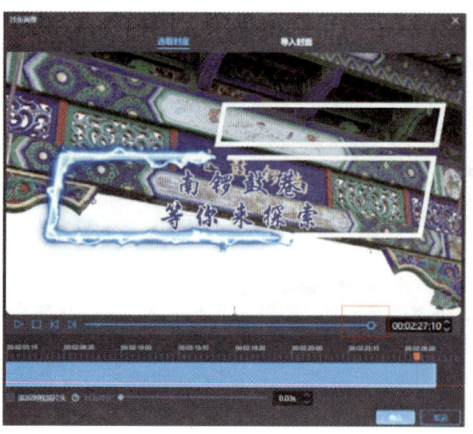

图 2-3-27 "爱拍剪辑"中添加封面的操作界面

任务五 数据复盘与优化

收集并分析各项数据,细致评估效果,并据此制订优化策略。这一过程将不断优化内容创意、拍摄技巧、剪辑手法及运营策略,确保旅行 Vlog 短视频能够持续吸引观众,传递独特的旅行体验,并在竞争激烈的市场中脱颖而出。

1. 利用"蝉妈妈"进行数据分析(如图 2-3-28 ~ 图 2-3-30 所示)

图 2-3-28 "蝉妈妈"平台上显示的作品点赞数据

点赞数高:说明这个视频因为内容独特、制作精良,吸引了大量观众的点赞,显示出观众对南锣鼓巷的浓厚兴趣。

图 2-3-29 "蝉妈妈"平台上显示的作品评论数据

评论率低:说明从内容上看缺乏深度,未深入介绍当地文化,难以引发观众共鸣。从互动方面来说,缺乏引导,没邀请观众评论或不回复评论;发布平台和时间不当,影响曝光度和评论率。

图 2-3-30 "蝉妈妈"平台上显示的作品转发数据

转发率低:说明尽管点赞数很高,但转发率相对较低。这可能是因为视频内容较为私密或特定,观众认为它更适合自己收藏或观看,而不是广泛分享给朋友。另外,也可能与视频标题或描述中没有强烈的分享诱因有关。

2. 优化方案

针对旅行短视频点赞数高、评论率和转发率低的情况,以下是优化方案:

(1)问题分析

当前旅行短视频虽获得较高的点赞数,但转发率较低、评论较少,表明视频内容在吸引观众兴趣方面表现良好,但在激发观众分享欲望方面和评论方面存在不足。具体原因可能包括视频内容缺乏社交性、分享动机不明确或分享渠道不便捷等。

(2)优化目标

通过优化视频内容和分享机制,提升观众的转发意愿和讨论,从而提高短视频的转发率、互动性。

3. 优化策略

根据数据分析,从内容、互动、发布等方面进行优化考虑,如图 2-3-31 所示。

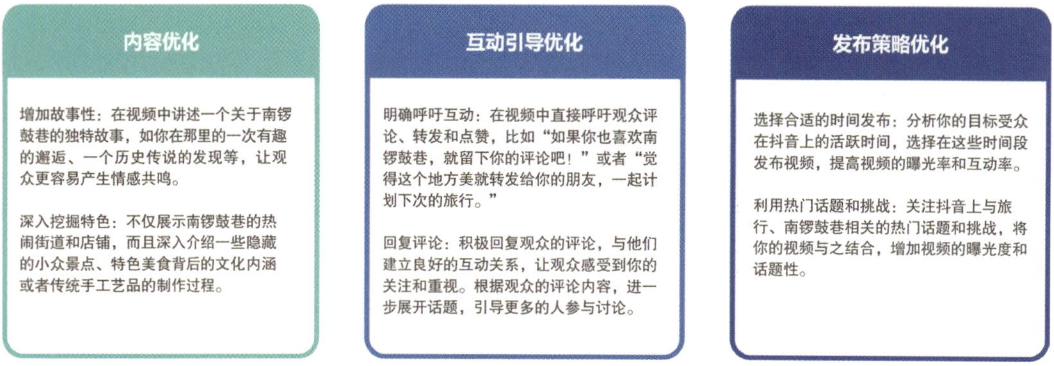

内容优化	互动引导优化	发布策略优化
增加故事性：在视频中讲述一个关于南锣鼓巷的独特故事，如你在那里的一次有趣的邂逅、一个历史传说的发现等，让观众更容易产生情感共鸣。 深入挖掘特色：不仅展示南锣鼓巷的热闹街道和店铺，而且深入介绍一些隐藏的小众景点、特色美食背后的文化内涵或者传统手工艺品的制作过程。	明确呼吁互动：在视频中直接呼吁观众评论、转发和点赞，比如"如果你也喜欢南锣鼓巷，就留下你的评论吧！"或者"觉得这个地方美就转发给你的朋友，一起计划下次的旅行。" 回复评论：积极回复观众的评论，与他们建立良好的互动关系，让观众感受到你的关注和重视。根据观众的评论内容，进一步展开话题，引导更多的人参与讨论。	选择合适的时间发布：分析你的目标受众在抖音上的活跃时间，选在这些时间段发布视频，提高视频的曝光率和互动率。 利用热门话题和挑战：关注抖音上与旅行、南锣鼓巷相关的热门话题和挑战，将你的视频与之结合，增加视频的曝光度和话题性。

图 2-3-31　优化策略

4. 总结与反思

（1）总结成果

对优化后的视频成果进行总结，包括转发率的提升幅度、观众反馈的改善情况等。

（2）反思不足

分析优化过程中存在的不足和问题，如执行力度不够、策略调整不及时等，为未来的视频制作和优化积累经验与教训。

知识链接

1. 认识旅行 Vlog 短视频

旅行 Vlog 短视频是一种通过视频形式记录并分享个人旅行经历的网络日志。它结合了视频日记的元素与博客的叙事风格，允许创作者以第一人称视角，通过镜头捕捉旅途中的风景、人文、美食、体验等各个方面，并配以旁白、字幕或背景音乐，将自己的所见所闻、所想所感生动地传达给观众。

旅行 Vlog 短视频不仅能够展现旅行目的地的美丽与魅力，还能让观众感受到创作者的情感波动和旅行中的真实体验。随着社交媒体的兴起和普及，旅行 Vlog 短视频已成为许多人记录和分享旅行故事的首选方式，吸引了大量粉丝和观众的关注与喜爱。

2. 旅行 Vlog 短视频优质账号分析

分析优质旅行短视频账号需要从选题与主题、内容质量、视觉呈现、情感共鸣、互动与参与以及商业变现等多个方面进行综合考量。这些分析有助于我们深入了解短视频的成功之处，为自己的旅行 Vlog 短视频创作提供有益的参考和借鉴。创作者可以从以下几个关键方面进行深入剖析，如表 2-3-7 所示。

表 2-3-7 旅行 Vlog 短视频优质账号分析

分析方向	分析细节	分析内容
选题与主题	新颖性	观察视频是否选择了独特、新颖的旅行主题或视角，是否能够满足观众的好奇心和探索欲
	时效性	分析视频是否紧跟了当前的旅行潮流、热门事件或节假日等，利用时间节点吸引观众关注
	普适性	评估视频主题是否具有广泛的受众基础，是否容易引发共鸣，吸引不同背景和兴趣的观众
内容质量	信息丰富度	视频是否提供了足够的旅行信息，包括目的地介绍、游玩体验、文化特色等，以满足观众的求知欲
	故事性	分析视频是否通过故事化的方式展现旅行经历，是否有引人入胜的情节和转折点，让观众产生情感共鸣
	真实性	观察视频内容是否真实可信，是否展现了真实的旅行场景和感受，避免过度美化或夸大其词
视觉呈现	画面质量	评估视频的拍摄质量，包括清晰度、色彩饱和度等，是否给观众带来视觉享受
	剪辑技巧	分析视频的剪辑手法，如转场效果、字幕添加、背景音乐选择等，是否提升了视频的整体观赏性和节奏感
	创意元素	观察视频中是否有独特的创意元素，如特效应用、动画插入、互动环节等，以增加视频的趣味性和互动性
情感共鸣	情感表达	分析视频是否通过情感化的方式讲述旅行故事，展现真实感受和情感体验
	文化尊重	评估视频在展现异国风情或地方特色时，是否表现出了对当地文化的尊重和理解，避免出现文化冲突或误解
	正能量传递	观察视频是否传递了积极向上的价值观和生活态度，激发观众的共鸣和向往
互动与参与	观众反馈	查看视频的评论、点赞、分享等数据，了解观众的反馈和意见，分析哪些内容受到了观众的喜爱和关注
	社交媒体传播	分析视频在社交媒体上的传播情况，包括话题讨论度、标签使用情况、与其他达人的互动等，评估其影响力和传播效果
	互动设计	观察视频是否有意设计了互动环节，如提问、挑战、抽奖等，以吸引观众参与和关注

3. 如何选取吸引人的旅行 Vlog 短视频主题

在选取旅行 Vlog 短视频主题时，可以尝试从以下几个方面考虑，具体如图 2-3-32 所示。

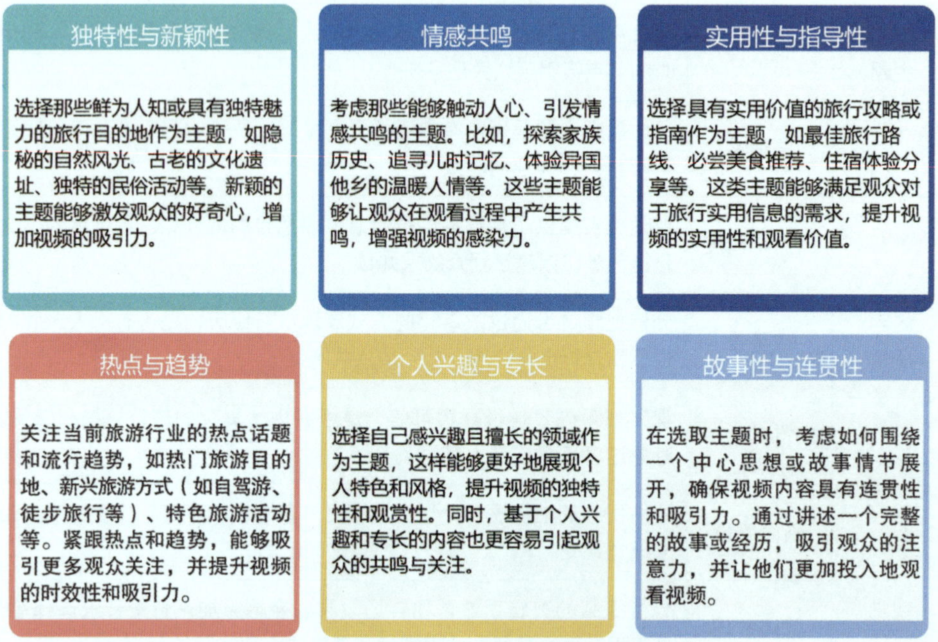

独特性与新颖性	情感共鸣	实用性与指导性
选择那些鲜为人知或具有独特魅力的旅行目的地作为主题，如隐秘的自然风光、古老的文化遗址、独特的民俗活动等。新颖的主题能够激发观众的好奇心，增加视频的吸引力。	考虑那些能够触动人心、引发情感共鸣的主题。比如，探索家族历史、追寻儿时记忆、体验异国他乡的温暖人情等。这些主题能够让观众在观看过程中产生共鸣，增强视频的感染力。	选择具有实用价值的旅行攻略或指南作为主题，如最佳旅行路线、必尝美食推荐、住宿体验分享等。这类主题能够满足观众对于旅行实用信息的需求，提升视频的实用性和观看价值。
热点与趋势	**个人兴趣与专长**	**故事性与连贯性**
关注当前旅游行业的热点话题和流行趋势，如热门旅游目的地、新兴旅游方式（如自驾游、徒步旅行等）、特色旅游活动等。紧跟热点和趋势，能够吸引更多观众关注，并提升视频的时效性和吸引力。	选择自己感兴趣且擅长的领域作为主题，这样能够更好地展现个人特色和风格，提升视频的独特性和观赏性。同时，基于个人兴趣和专长的内容也更容易引起观众的共鸣与关注。	在选取主题时，考虑如何围绕一个中心思想或故事情节展开，确保视频内容具有连贯性和吸引力。通过讲述一个完整的故事或经历，吸引观众的注意力，并让他们更加投入地观看视频。

图 2-3-32 旅行 Vlog 短视频的主题选取

4. 如何策划旅行 Vlog 短视频的文案

策划旅行 Vlog 短视频文案时，需要综合考虑视频的主题、目标观众、内容结构、情感表达和互动性。以下是策划旅行 Vlog 短视频文案的常规步骤：

（1）确定主题和风格：选择一个吸引人的主题，如城市探索、美食之旅、文化体验等。确定视频的风格是正式、幽默还是轻松自然的。

（2）了解目标观众：分析目标观众的兴趣、年龄、文化背景等，以便更好地定制内容。

（3）规划内容结构：开场——吸引观众的注意力。主体——详细介绍旅行经历和见闻。结尾——总结感悟，留下悬念或互动话题。

（4）添加互动元素：设计一些问题或话题，鼓励观众在评论区互动。

（5）撰写文案：使用生动、简洁、有感染力的语言，确保文案与视频内容相匹配。

5. "文心一言"简介

文心一言（ERNIE Bot）是百度全新一代知识增强大语言模型，文心大模型家族的成员，能够与人对话互动，回答问题，协助创作，高效便捷地帮助人们获取信息、知识和灵感。文心一言是知识增强的大语言模型，基于飞桨深度学习平台打造，持续从海量数据和大规模知识中融合学习，具备知识增强、检索增强和对话增强的技术特色，能够与人对话互动，回答问题，协助创作，高效便捷地帮助人们获取信息、知识和灵感。

➢ 指令词基本格式如下：

根据（参考信息）+明确（动作）+达成（目标）+达成（要求）

➢ 构造指令词

一条优秀的指令词应该具备以下特点：清晰、明确、针对性强，能够精确地引导模型理解并回应你的问题。

➢ 进阶指令词构造

一条好的指令=任务+参考信息+输出要求+示例+本次输入+输出项。

6. "爱拍剪辑"软件介绍

爱拍剪辑是一款功能强大的视频编辑工具，专为短视频爱好者打造。它支持快速剪辑、特效添加、音频调整等多种功能，让视频创作变得简单而有趣。无论是日常生活记录还是创作创意短视频，爱拍剪辑都能帮助你轻松制作出精彩作品。

功能特点包括：

➢ 多轨道编辑：支持添加多个视频轨道，方便进行视频叠加和特效处理。

➢ 高清输出：可以输出高清视频，保证视频质量。

➢ 文字转语音：独家文字转语音功能，支持中英语言，自动生成字幕，提高视频剪辑效率。

➢ 画中画编辑：多条画中画视频轨道，可自由地在视频中嵌入多个画面，轻松做出分屏效果。

➢ 绿幕抠图：绿幕抠像，轻松改变视频背景，实现大片效果。

➢ 超清无损录制：自定义帧率与画质码率，可完美录制热门游戏画面、网络教学过程、课件制作过程和在线影视画面，4K超清录制电脑屏幕，捕捉精彩瞬间。

➢ 无级变速：100倍任意倍速变速，玩转延时效果及慢动作。

➢ 音频混合器：专业级调音器，满足不同轨道音频调节需要。

➢ 海量素材：内置60多个滤镜特效和200多个转场特效，一键添加与应用，秒变大片。

7. 数据分析平台"蝉妈妈"介绍

（1）平台背景与功能

背景：蝉妈妈是厦门蝉羽网络科技有限公司旗下的品牌，致力于通过大数据精准营销，帮助国内众多的电商从业主体实现"品效合一"。

功能：蝉妈妈提供了包括数据监测、电商分析、播主查找、热门素材等多维度数据分析服务。具体来说，它能够对抖音、小红书等平台上的达人、商品、直播、短视频、小店等多维度数据进行监控和分析，为商家提供智能匹配达人及一站式营销服务。

（2）主要服务特色

➢ 多维度数据分析：蝉妈妈构建了多维数据算法模型，能够实时监控达人直播和带货数据，提供包括直播转化率、直播间 UV 价值（每个进入直播间的人带来的成交金额）、直播间平均停留时长等在内的多项核心数据指标。

➢ 实时直播监控：平台提供个性化全程监控直播数据的功能，直播大屏精准更新实时数据，帮助用户实时跟踪直播数据。

➢ 多领域排行榜：自动生成达人、商品等多领域排行榜，帮助用户快速了解行业趋势和热门内容。

➢ 行业趋势分析：用户可以随时查看各品类热销商品销量趋势和达人带货趋势，为营销决策提供数据支持。

（3）应用场景

➢ 抖音运营：帮助抖音运营人员查看直播数据，进行运营规划。

➢ 直播带货：直播带货从业者可以使用蝉妈妈了解直播间的带货情况，包括直播时长、销售额、带货量等，从而制订更精准的直播策略。

➢ 品牌推广：品牌方可以使用蝉妈妈进行品牌推广，了解消费者的需求和反馈，提高品牌知名度和美誉度。

（4）品牌特色

➢ 秒级精度大数据算法：蝉妈妈采用秒级精度大数据算法，确保数据的实时性和准确性。

➢ 便捷的手机 App 客户端：用户可以随时随地通过手机 App 查询数据，不错过任何商机。

学习评价

1. 学习过程评价

班级：_____　　姓名：_____　　组别：_____

序号	考核指标	等级（权重）				自评 30%	小组评 30%	教师评 40%
		优秀	良好	合格	需努力			
1	实训过程中遇到疑难，能通过请教老师、同伴和互联网检索等途径自主学习	5	4	3	2			
2	具有团队协作意识，学会与他人分享、交流，共同提高短视频制作和运营水平	5	4	3	2			
3	有创新思维，敢于尝试新的短视频表现形式	5	4	3	2			
4	能合理制订工作计划，在规定时间内完成任务，时间控制合理	5	4	3	2			
5	能遵守实训室规章制度，不迟到、不早退	5	4	3	2			
6	能在交流中勇于发表意见、提出疑惑，乐于帮助他人学习	5	4	3	2			
7	具有责任心，对项目进度和质量负责	5	4	3	2			
各项总分：								
总　　分：								
我的自评：								
组内评语：								
教师评语：								

2. 理论考试（扫描二维码完成题目）

理论考试

3. 成果评价

班级：_____ 姓名：_____ 组别：_____

考核指标		等级（权重）				自评 20%	小组评 20%	教师评 30%	企业导师评 30%
		优秀	良好	合格	需努力				
主观评价	能够根据旅行 Vlog 短视频的市场定位，对同类短视频进行相关数据要点分析	5	4	3	2				
	能够根据旅行 Vlog 短视频文案策划的方法，独立撰写分镜头脚本	5	4	3	2				
	能够根据旅行 Vlog 短视频素材选取原则，独立完成短视频素材的拍摄与整理	5	4	3	2				
	能够使用剪映 App 的剪辑技巧进行短视频剪辑	5	4	3	2				
	能够使用数据复盘与优化方法，提高短视频质量和传播效果	5	4	3	2				
客观评价	文件命名符合规范	5	4	3	2				
	成片素材选择和运用与主题相符	5	4	3	2				
	短片的风格统一、画面明暗统一、色调统一	5	4	3	2				
	片头、主片、片尾衔接自然	5	4	3	2				
	镜头画面和解说词立意鲜明，无与主题不一致的画面	5	4	3	2				
	视频有配乐，解说词音量适当清晰，与背景音乐协调	5	4	3	2				
	字幕清晰规范，文字正确、无错别字、无禁忌词	5	4	3	2				
各项总分：									
总　　分：									
我的自评：									
组内评语：									
教师评语：									

项目小结

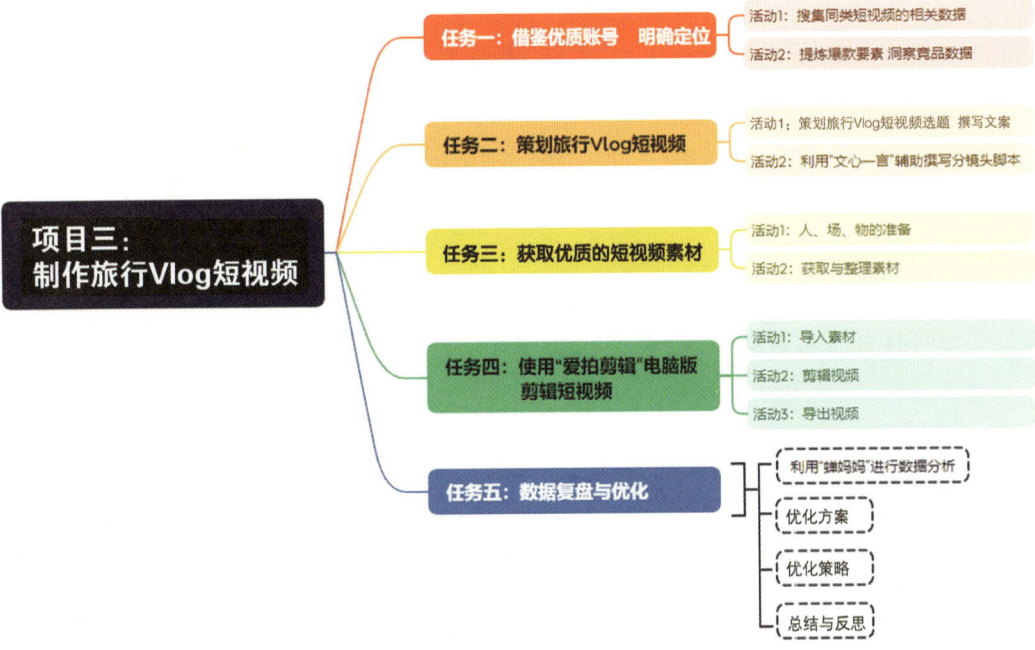

图 2-3-33　制作旅行 Vlog 短视频的思维导图

项目拓展练习

➢ **制作"最美北京"短视频**

请扫描二维码完成项目拓展练习。

项目拓展练习

项目四　制作情景类短视频

（16 课时）

设计主题

制作情景类短视频

视频达人

木风，一位 80 后博主，爱心公益传播人，他的短视频故事以公益服务、科普防骗知识及生活应急技巧、提高防范意识、增强女性和儿童安全为主题，自编自演，凭借精湛的演技和幽默的风格在短视频界崭露头角。他教会人们识别各种骗局，守护老人、儿童安全，科普遇到危险时如何自救。他的短视频故事情节直击人心，充满了对生活的深刻感悟，让人在观看中找到共鸣，对于涵养文明、凝聚合力具有十分重要的作用。他的作品在短时间内吸引了众多粉丝，每个短视频都能让更多人学习和传递正能量。

三维目标

知识目标

➢ 掌握情景类短视频选题策划和脚本的撰写方法。
➢ 能够复述情景类短视频的制作流程。
➢ 能够概述"Kimi"智能助手的功能和应用场景。
➢ 能够阐述 Adobe Premiere Pro 软件（视频编辑软件）和灰豚数据的基本功能与使用方法。

能力目标

➢ 能够独立策划和撰写情景类短视频文案，提高内容创作能力。

- 能够灵活运用"Kimi"智能助手辅助撰写文案、分镜头脚本,提升工作效率。
- 能够使用智能手机拍摄出优质且主题突出的短视频画面。
- 能够运用 Adobe Premiere Pro 软件进行视频剪辑、制作,提高视频制作技能。
- 能够运用灰豚数据进行短视频复盘,优化内容策略。

素质目标

- 遵守职业道德规范,尊重版权,遵守相关法律法规。
- 具有创新思维和审美能力,提高内容创作的质量和吸引力。
- 具有团队协作能力,善于与他人沟通、分享和交流。
- 养成敏锐的市场洞察力,把握行业动态,为内容创作提供方向。
- 建立情感体验和价值观,体验制作视频成功的喜悦,感受到学习的意义和价值。

项目任务书

项目名称: 制作情景类短视频

1. 项目背景

随着网络技术的发展和短视频平台的兴起,情景类短视频已成为越来越多人记录生活、分享心得的方式。本项目旨在制作一个情节扣人心弦、能引起观众情感共鸣的情景类正能量短视频,表现美好生活、讴歌动人情感,在传递真、善、美的同时带来无限的乐趣和价值。

2. 项目目标

(1)制作一个情景类正能量短视频,给人们带来欢乐和启示,激励人们积极向上地面对生活。

(2)通过短视频传递真、善、美,让观众产生共鸣。

(3)提高个人在短视频平台的影响力,吸引更多粉丝关注。

3. 项目内容

本项目计划以"醒悟"为标题,制作一个情景类短视频。该项目旨在通过视频的形式,传递自我成长、学习价值、努力的意义和时间宝贵等方面的信息,给人以深刻的启示,鼓励人们珍惜时间、积极面对挑战,不断学习和成长,增强思政教育的深刻性以及学生的认同感和参与感,对校园教育和文化发展具有重要的意义。

4. 项目时间表

（1）团队分工：1课时

（2）选题策划：1课时

（3）文案、脚本撰写：3课时

（4）拍摄准备：1课时

（5）实地拍摄：4课时

（6）视频剪辑：4课时

（7）运营推广：2课时

5. 项目团队

（1）导演：负责整体策划、拍摄和后期指导。

（2）摄像师：负责拍摄工作。

（3）后期剪辑师：负责视频剪辑、调色等工作。

（4）配音员：负责视频配音。

（5）宣传推广人员：负责作品发布和宣传推广。

6. 项目预算

（1）拍摄费用：内部团队拍摄，不需要额外费用。

（2）后期制作：内部团队制作，不需要额外费用。

（3）宣传推广费用：低成本推广渠道（有少量费用投入）。

7. 项目风险与应对措施

（1）设备故障：准备备用设备，确保拍摄顺利进行。

（2）时间延误：合理安排时间，确保项目按计划进行。

（3）作品质量：加强团队成员的技能培训，提高作品质量。

8. 项目评估

（1）画面质量：画面清晰流畅、色彩饱满、构图美观。

（2）内容丰富度：内容充实、结构清晰、富有情感。

（3）观众反馈：观看量、点赞量、评论量等。

（4）作品传播度：平台推荐、转发量、粉丝增长量等。

模块二 实战篇 | 133

任务一 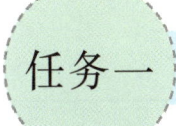 借鉴优质账号 明确定位

活动1：搜集同类短视频的相关数据

通过搜集优质的同类账号数据，了解其目标群体、观众偏好、视频风格、剪辑节奏和互动情况等。表2-4-1是情景类短视频抖音账号"泥木可"的相关信息（数据检索时间截止到2024年8月24日），供读者参考学习。

表 2-4-1　情景类短视频抖音账号"泥木可"的相关信息

账号基本信息	账号名称：泥木可 性别：男 地区：呼和浩特 年龄：32	目标受众	性别分布：男性占比53.01% 年龄分布：年龄31～40岁居多，占比35.61% 八大人群分布："银发一族"居多，占比48.05% 城市等级分布：三线城市居多，占比28.83%
视频时长	视频平均时长：4分27秒	账号活跃度和影响力	在最近一周内，账号的排名打败了98.42%的主播，显示出较高的活跃度和影响力。
粉丝数据	抖音平台：1348.4万 快手平台：1097.4万 在YY娱乐平台、虎牙直播平台等都有视频发布，以抖音为主要活动平台	内容风格	以日常生活和情感故事为主题，围绕人情世故展开叙事，擅长从家长里短、为人处世等层面构造生活化的戏剧性情节，凸显正能量内核，以原创脚本为特点。他凭借着独特的表演天赋和敏锐的洞察力，创作出了贴近观众生活、引发共鸣的视频内容。他也擅长运用各种表演技巧，使视频更加生动有趣，以此吸引粉丝关注。
内容创作与互动情况	作品总数：1071 灰豚指数：531.36 巨量星图指数：85.2 总点赞数：2024万 赞粉比：1411.07 累计视频数：1010 平均评论数：3602 平均分享数：8509	近期数据趋势	近7天的粉丝增量：4024 近7天的新增点赞数：20.7万 近7天的平均点赞数：6.9万 近7天的新增评论数：7143 近7天的新增作品数：3 近7天的新增转发数：1.1万 粉丝活跃度：90.65% 直播粉丝团：674

活动 2：提炼爆款要素 洞察竞品数据

通过深入分析"泥木可"的短视频作品，提炼出其中蕴含的策划、拍摄、剪辑、运营技巧，并转化为自身可用的知识和技能。以下是针对抖音账号"泥木可"进行的分析，如表 2-4-2 所示。

表 2-4-2 针对抖音账号"泥木可"进行的分析

可以借鉴的元素，如视频结构、剪辑技巧、话题选择等	
视频结构	泥木可的作品通常采用短剧形式，每集时长控制在 5～6 分钟，这种紧凑的结构适合短视频平台观众的观看习惯，便于观众在短时间内获得完整的故事体验。
剪辑技巧	短视频的剪辑需要快速吸引观众的注意力，泥木可的作品中运用了快速剪辑、特效转场等技巧，以保证视频节奏紧凑和内容吸引人。
话题选择	泥木可的作品话题通常与中年人的生活密切相关，如家庭关系、各种防范知识、保护青少年儿童等，这些话题能够引起目标观众的共鸣。
内容创新	在题材和故事编排上，泥木可的作品进行了创新性突破，如通过反诈、养老、感恩等接地气的话题，进行寓教于乐的表演，有效地引发了各类观众的共鸣。
制作水准	尽管是短视频，但泥木可的作品在制作上接近或达到了传统影视剧的标准，包括剧本、团队的专业度和演员演技等方面，提升了作品的整体质感。
跨年龄层吸引力	优秀的作品能够吸引不同年龄层的观众，泥木可的短剧在确保中老年群体喜爱的同时，也通过差异化的风格吸引了年轻观众。

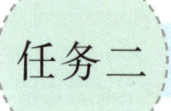

任务二 策划情景类短视频

活动 1：策划真人实拍短视频选题 撰写文案

《醒悟》是关于成长和自我反省的故事，强调了学习的重要性和努力的价值，提醒我们珍惜时间，为自己的未来负责。作品通过主人公的转变，告诉我们，当一个人意识到自己的不足并开始努力时，就有可能改变自己的命运，鼓励我们在现实生活中不断努力，以获得更多的选择和机会，传递了积极向上的价值观和正能量。表 2-4-3 是情景类短视频《醒悟》的文案示例。

表 2-4-3 情景类短视频《醒悟》的文案示例

标题	《醒悟》
创作主题	创作主题：展现责任与后果、现实与梦想、目标与动力的重要性，强调人们要有自我反思的精神、端正的学习态度、正确的价值观，鼓励人们珍惜时间、努力学习，为自己的未来负责，传递出积极向上的正能量。 创作背景：在当前社会，弘扬正能量和正确的价值观是非常重要的，人人都有校园生活的经历。《醒悟》通过展示主人公在经历挑战后的心理成长和自我认知的提升，传递出深刻的人生哲理，鼓励人们面对挑战，勇于改变，追求更好的自我。 创作目的：《醒悟》通过主人公的故事，向人们强调责任、反省和努力的重要性，让观众通过梦境的体验，真实地感受到现实中的行为会直接导致相应的后果，鼓励大家把握现在，珍惜时间，积极行动。
创意阐述	类型和定位：《醒悟》是一部现实主义作品，通过吸引人的故事情节和人物塑造，将教育意义和生活智慧融入其中；通过主人公的经历，向观众传达关于教育和学习重要性的信息，强调自我提升和责任感的培养，鼓励人们面对挑战，积极改变，追求更好的自我。《醒悟》丰富的主题和深刻的寓意，适合作为教育材料，用于学校教育、家庭教育以及青少年自我教育。
内容概述	主人公王思雨在自习课上与同学打游戏，被老师批评。老师提醒她处分会影响升学。王思雨对此不以为然，在梦里拯救世界。王思雨在梦中被提醒要进行升学面试的模拟，但她忘记了这件事。在面试中，她因为没有准备而表现不佳，最终未能通过面试。面试官的问题让她意识到自己的不足，但她在梦中的反应是愤怒和拒绝接受失败。王思雨从梦中惊醒，意识到自己的行为可能会对未来产生严重影响。她主动向老师承认错误，并承诺会努力学习，争取撤销处分。老师向她解释了努力的真正意义——为了拥有选择权，而不是被动地接受命运的安排。
画面表现	画面风格：整体画面以现实主义和戏剧化风格为主，展现了真实的学校生活和学生的日常。故事通过冲突和转折，突出情节的紧张和角色的情感变化。作品在描绘师生对话和主人公最终醒悟时，以温馨的画面风格，传达出故事的教育意义和积极向上的正能量。 表现手法：《醒悟》通过角色之间的对话和内心独白来推动故事情节，展现人物性格和情感变化；利用梦境来反映主角的内心世界和潜在的焦虑，并作为转折点，促使主角进行自我反思和改变；通过故事的情节和角色的发展来传达教育意义，鼓励人们反思自己的行为和态度，引发人们的共鸣和思考。 剪辑技巧：流畅转场，使用渐变擦除等转场效果，使不同场景之间的过渡自然流畅。根据旁白和画面内容调整剪辑节奏，保持整部作品的流畅性和观赏性。通过剪辑手法强化情感表达，如通过慢动作、重复镜头等手法突出关键情感瞬间呈现。

活动2：利用"Kimi"辅助撰写分镜头脚本

将已有的短视频推广策划文案作为创意蓝本，依托AI技术的智能分析与创作能力，从中提炼出核心亮点与情感共鸣点。随后，AI辅助工具将基于这些要素，结合短视频的叙事节奏、视觉表现及观众喜好等因素，自动生成一系列高质量、富有创意的短视频脚本，从而有效提升短视频推广的效果。

读者可以尝试利用 Kimi 根据活动 1 的短视频文案，辅助生成高质量的短视频脚本。具体操作步骤如下。

（1）前期准备

①确定剧本主题为"醒悟"，为分镜头脚本创作提供方向。

②打开 Kimi 官网（https://kimi.moonshot.cn）。

③使用微信或手机号登录 Kimi，初始界面如图 2-4-1 所示。

图 2-4-1　Kimi 的初始界面

（2）撰写分镜头脚本

①将活动 1 策划文案的文本粘贴到会话框中，输入如下提示词："请根据以上文案，帮我撰写一份题为'醒悟'的短视频分镜头脚本，脚本内容包括镜号、景别、时长、运镜方式、画面内容、画面构图，以表格的形式呈现。画面包括学生玩游戏、老师和学生交流、学生之间对话的镜头"。提示词如图 2-4-2 所示。

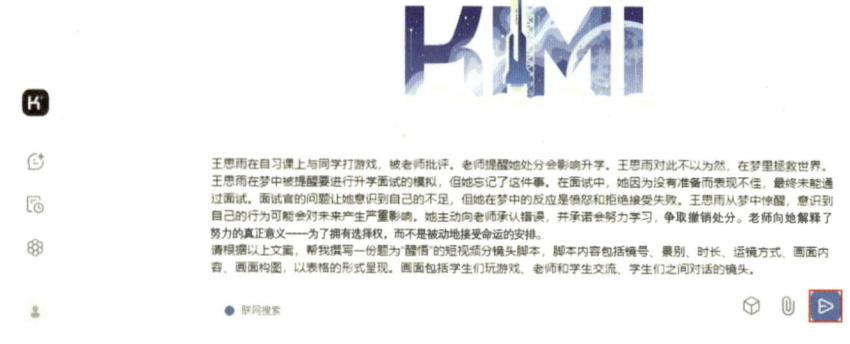

图 2-4-2　在 Kimi 中输入提示词的界面

②点击发送按钮，生成的脚本如图 2-4-3 所示。

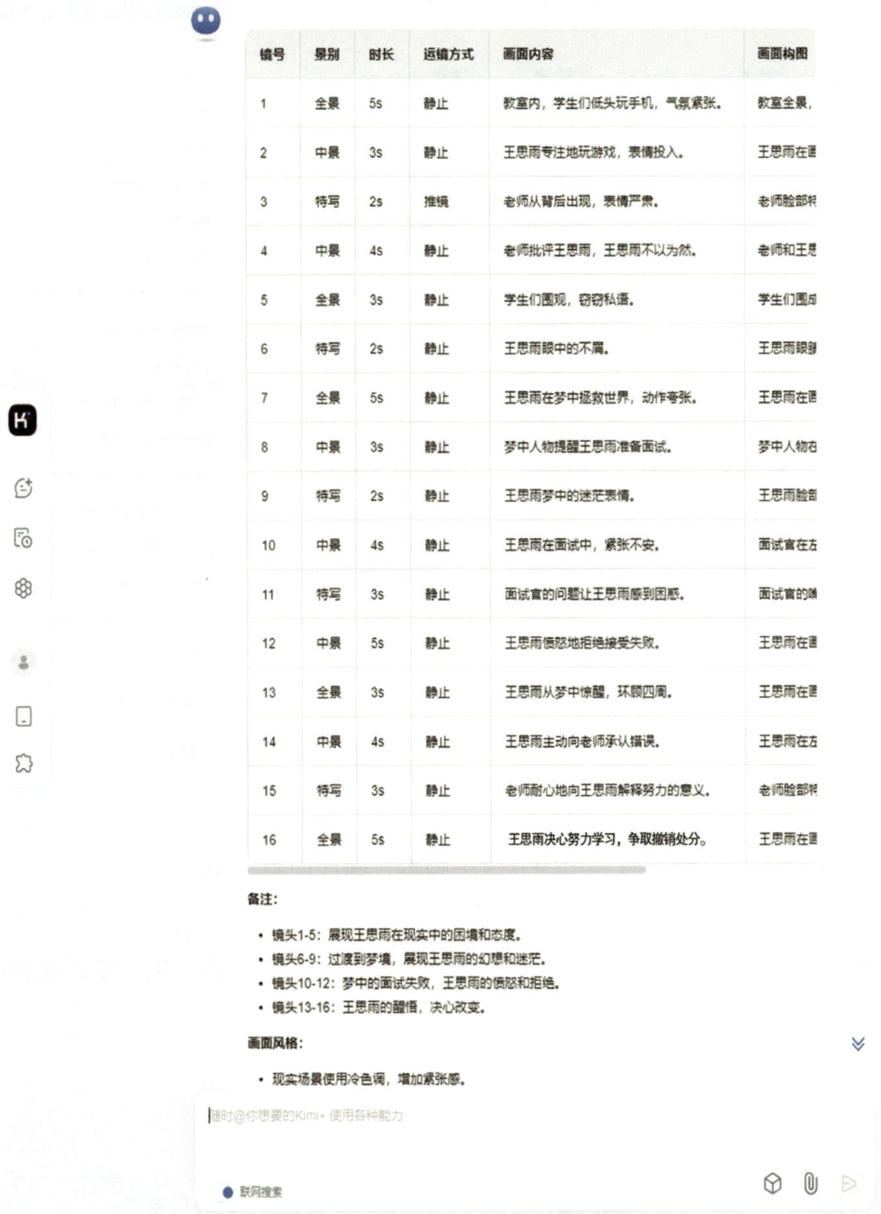

镜号	景别	时长	运镜方式	画面内容	画面构图
1	全景	5s	静止	教室内，学生们低头玩手机，气氛紧张。	教室全景，
2	中景	3s	静止	王思雨专注地玩游戏，表情投入。	王思雨在
3	特写	2s	推镜	老师从背后出现，表情严肃。	老师脸部特
4	中景	4s	静止	老师批评王思雨，王思雨不以为然。	老师和王思
5	全景	3s	静止	学生们围观，窃窃私语。	学生们围成
6	特写	2s	静止	王思雨眼中的不屑。	王思雨眼部
7	全景	5s	静止	王思雨在梦中拯救世界，动作夸张。	王思雨在
8	中景	3s	静止	梦中人物提醒王思雨准备面试。	梦中人物在
9	特写	2s	静止	王思雨梦中的迷茫表情。	王思雨脸部
10	中景	4s	静止	王思雨在面试中，紧张不安。	面试官在方
11	特写	3s	静止	面试官的问题让王思雨感到困惑。	面试官的嘴
12	中景	5s	静止	王思雨愤怒地拒绝接受失败。	王思雨在
13	全景	3s	静止	王思雨从梦中惊醒，环顾四周。	王思雨在
14	中景	4s	静止	王思雨主动向老师承认错误。	王思雨在方
15	特写	3s	静止	老师耐心地向王思雨解释努力的意义。	老师脸部特
16	全景	5s	静止	王思雨决心努力学习，争取撤销处分。	王思雨在

备注：
- 镜头1-5：展现王思雨在现实中的困境和态度。
- 镜头6-9：过渡到梦境，展现王思雨的幻想和迷茫。
- 镜头10-12：梦中的面试失败，王思雨的愤怒和拒绝。
- 镜头13-16：王思雨的醒悟，决心改变。

画面风格：
- 现实场景使用冷色调，增加紧张感。

图 2-4-3　Kimi 生成的脚本界面

③检查脚本内容，如果对内容不满意，我们可以继续输入提示词，对分镜头脚本进行调整。如果想让 AI 帮我们生成对白内容，可以这样写："根据以上内容，每个镜头帮我加上相应的对白，表格多加一列对白的内容"。再次生成的脚本如图 2-4-4、图 2-4-5 所示。

④点击复制按钮，将生成的脚本粘贴到 Word 中，以便后续手动修改。

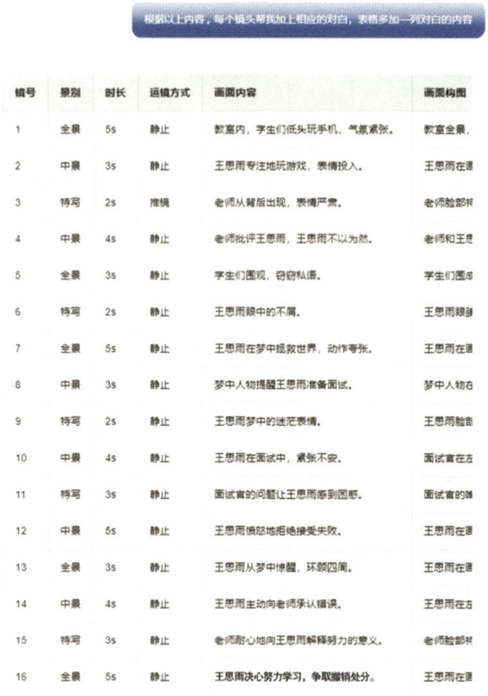

图 2-4-4　Kimi 中增加了对白内容后的脚本界面（一）

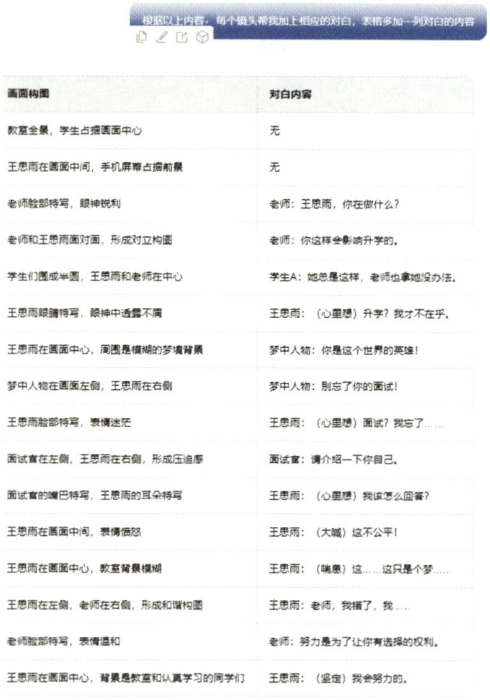

图 2-4-5　Kimi 中增加了对白内容后的脚本界面（二）

（3）后期完善

①检查分镜头脚本：仔细检查导出的分镜头脚本，确保内容无误。

②修改与完善：根据实际情况，对分镜头脚本进行修改和完善。

③分享与合作：将分镜头脚本分享给团队成员，进行沟通、讨论，进一步优化脚本内容。

整理后，完整的分镜头脚本内容如表 2-4-4 所示。

表 2-4-4　完整的分镜头脚本内容

镜号	景别	时长	画面内容	对白内容
01	全景	5秒	教室内，学生们在自习，有的学生在看书，有的学生在写作业	无
02	中景	20秒	王思雨和几位同学在教室一角打游戏，边打边喊，老师路过，透过窗户看到打游戏的学生们	王思雨："哈哈，看我这波操作！"
03	特写	6秒	老师的表情，严肃中带有失望	老师："你们几个，出来一下。"
04	全景	48秒	老师站在讲台上，王思雨和其他学生站在讲台前，王思雨露出不屑的表情，老师语重心长地看着王思雨	王思雨："这不是自习课吗？"

续表

镜号	景别	时长	画面内容	对白内容
05	全景	13秒	老师一走,王思雨等人立马展开了对李悦琪的控诉	无
06	中景	22秒	王思雨回到座位,开始睡觉	无
07	特写	7秒	用特写拍摄李悦琪和王思雨的电脑,把两个学生进行对比	无
08	中景	7秒	邓竣曦看着王思雨睡觉,露出疑惑的表情	无
09	全景	10秒	王思雨睡着突然被叫醒,被告知要面试	无
10	特写	24秒	王思雨来到面试的地方,王文铮开始面试,结果他什么都不知道	无
11	特写	40秒	李悦琪运用流利的英语进行了自我介绍,并且面对面试官的提问,她回答得游刃有余	无
12	特写	35秒	王思雨上前面试,面对老师,她紧张地扶着桌子回答不出老师的问题	王思雨:"这可怎么办啊,我什么都不会!"
13	特写	3秒	王思雨突然惊醒,抓紧问李悦琪,老师在哪儿	王思雨:"我为什么会在教室里?"
14	特写	10秒	给老师宋杰一个特写	无
15	全景	51秒	王思雨意识到错误,找到老师询问解决方案	宋杰:"努力不是证明自己有多优秀,而是在意外和不可控的因素来临时,那些平常所努力积淀的涵养和能力,可以成为我们抗衡一切风雨的底气。人之所以要努力,是为了尽可能地把命运掌握在自己手里,而不是被困在父辈的阶层动弹不得,是为了当自己遇到喜欢的人或事的时候,除了一片真心外,还有拿得出手的东西。其实,努力的真正意义就是三个字:选择权。不想成为被选择的,就要成为必选的。"
16	全景	17秒	老师开导王思雨,给王思雨提出思考问题	老师:"老师问你几个问题,你回家自己想一下,现在社会常常用奖项和成绩来衡量一个人是否成功,你觉得他们的定义全面吗?"

以上是一个利用Kimi辅助撰写分镜头脚本的示例,创作时可以根据实际情况进行调整,也可以根据实际拍摄条件和个人创意进行优化。

任务三　拍摄情景类短视频

拍摄情景类短视频的过程，是创意与技巧结合的过程，通过细致的准备，创作者可以大大提高拍摄的效率和最终作品的质量。拍摄优质的素材要捕捉人物细节，如面部表情、眼神交流、手势和肢体语言、动作连贯性、情感反应等，这是提升视频质量和观众沉浸感的关键。精心设计和捕捉这些细节，可以使情景类短视频更加生动和引人入胜。

活动1：人、场、物的准备

为了确保《醒悟》的拍摄工作顺利进行，根据既定的主题与详细的脚本，精心准备人物、场景与道具是至关重要的环节。只有做到精准无误、细致入微，才能拍摄出令人满意的视频作品。

（1）素材拍摄与整理流程，如图2-4-6所示。

图2-4-6　素材拍摄与整理流程

（2）人物、场景、道具的准备工作，如表2-4-5所示。

表2-4-5　人物、场景、道具的准备工作

短视频主题	情景类短视频——《醒悟》
帧　率	25fps
分辨率	1080p
拍摄场景	学校机房教室、办公室
人　物	七位参与者分别扮演学生、老师、面试官
道　具	桌椅、书本、笔、手机、电脑、枕头、文件夹
拍摄设备	手机、三脚架

> **小贴士**
>
> 设备检查：检查摄影、灯光等设备的性能，确保拍摄过程中的稳定性。
>
> 场地安全：确保拍摄现场符合安全检查，如消防设施齐全、出口明显、通风良好等。
>
> 个人操守和安全意识：工作人员应遵守工作指示，重视团队精神，遵守各种安全指示及场地告示，保持警觉，发现任何危险情况应立即提出，并注意不可阻挡安全通道。

活动2：素材拍摄与整理

（1）短视频/图文素材的拍摄标准

拍摄情景类短视频时，技术标准是确保视频质量、观众体验和传播效果的关键。以下是一些主要的技术标准。

①分辨率与帧率

视频分辨率为1080p。在拍摄和后期处理过程中，要注意减少噪点、模糊和失真等问题的发生，确保画面清晰、细节丰富。

帧率为25fps（每秒帧数）。对于高速运动或需要平滑过渡的场景，可以考虑使用60fps，以确保视频清晰流畅。

②稳定性

使用三脚架、手持稳定器或具备防抖功能的拍摄设备，可减少手持拍摄时的抖动和晃动。

③光线运用

合理利用自然光或人造光源，创造出符合情景氛围的光线效果，注意阴影和光线的方向性。

（2）素材整理

素材文件可依据镜号命名（如镜号01、镜号02、镜号03……），整理好后如图2-4-7所示。

（3）素材传输

在传输素材时一定要注意以下几点：

①不能用微信传输文件，容易被压缩，造成失真。

②视频最后的格式要为MP4格式（基于MPEG-4编码标准的数字视频文件格式）。

③提交之前，要对导出的MP4文件进行细致的检查。

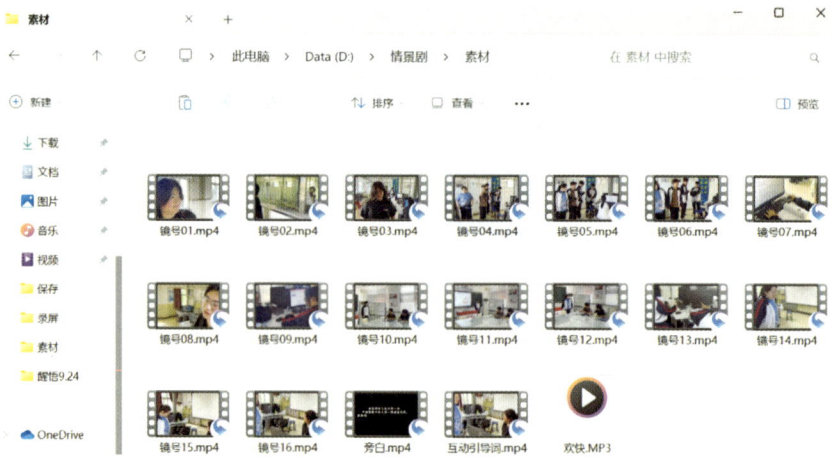

图 2-4-7　素材整理示意图

任务四　使用 Adobe Premiere Pro 剪辑短视频

创作者通过精准剪辑，展现学生的精彩表演，捕捉那些触动人心、引人入胜的故事情节，以吸引更多观众的关注，提升视频的观看体验。现今比较流行的剪辑短视频的软件是剪映，据不完全统计，它的下载量已经达到了 76 亿次之多，利用它剪好的视频可以直接发布到抖音平台，简单、易学、方便、快捷，深受短视频爱好者的喜爱。但是，作为专业的视频创作者，掌握 Adobe Premiere Pro 专业剪辑软件的应用是必备技能。下面以《醒悟》为例，讲解一下使用 Adobe Premiere Pro 进行剪辑的流程。

扫码观看操作流程

扫码观看样片

活动 1：导入素材

（1）步骤一：启动软件。在桌面上找到 Adobe Premiere Pro 的图标，并双击图标打开软件，如图 2-4-8 所示。

（2）步骤二：打开 Adobe Premiere Pro 软件以后进入主页，点击"新建项目"按钮，进入"新建项目"对话框，并根据视频要求修改文件名为"醒悟"，在"位置"栏后边点击"浏览"按钮，选择保存路径后，点击"确定"按钮，如图 2-4-9、图 2-4-10 所示。

图 2-4-8　导入素材步骤一

图 2-4-9　导入素材步骤二（1）

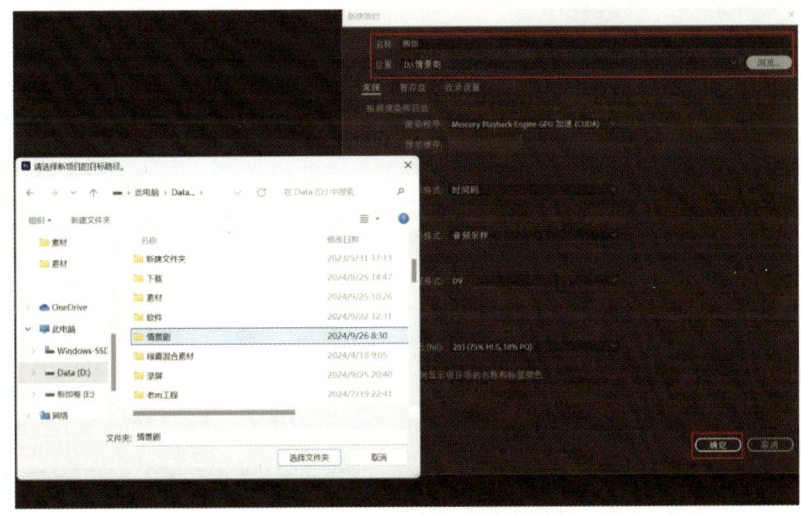

图 2-4-10　导入素材步骤二（2）

（3）步骤三：进入工作界面，选择"文件→新建→序列"命令（使用快捷键 Ctrl+N），如图 2-4-11 所示，或点击鼠标右键，弹出快捷菜单，点击"新建项目→序列"。

（4）步骤四：在"新建序列"对话框中，序列名称为"醒悟"，选择"AVC-1 100 1080p25 像素"模式，点击"确定"按钮，如图 2-4-12 所示。

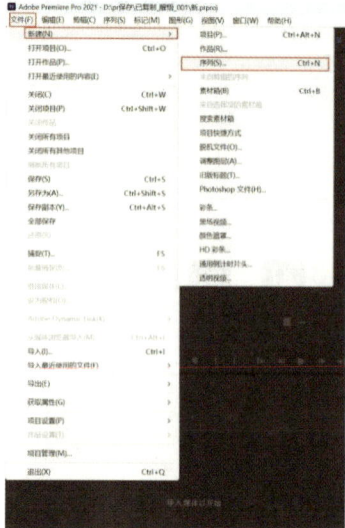 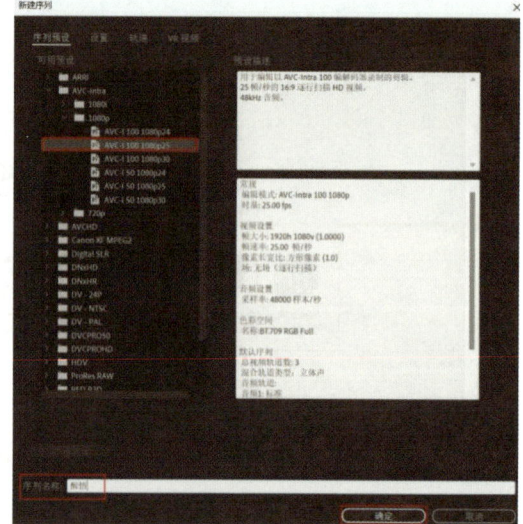

图 2-4-11　导入素材步骤三　　图 2-4-12　导入素材步骤四

（5）步骤五：选择"文件→导入"命令（使用快捷键 Ctrl+I），弹出如图 2-4-13 所示的"导入"对话框，选中本案例中所有素材，单击"打开"按钮，将素材全部导入"项目"面板，如图 2-4-14 所示。

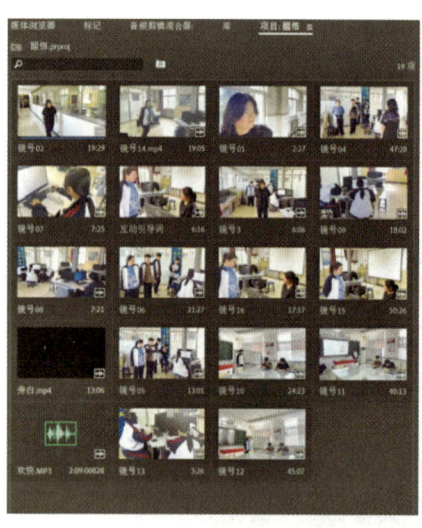 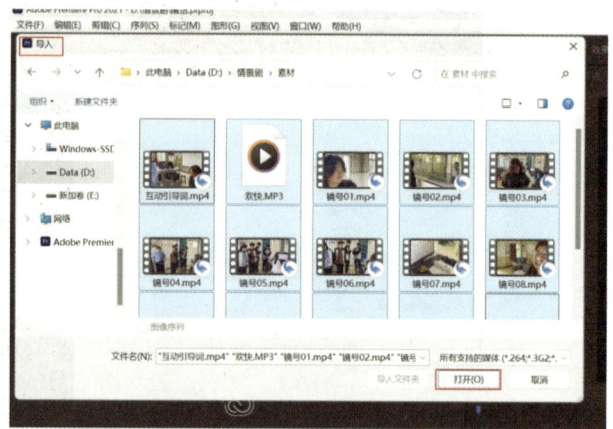

图 2-4-13　导入素材步骤五（1）　　图 2-4-14　导入素材步骤五（2）

活动 2：剪辑视频

（1）步骤一：将导入的素材拖入视频轨道 V1，根据剧本剧情排序：镜号 01，镜号 02……镜号 16，中间穿插旁白及互动引导词，如图 2-4-15、图 2-4-16 所示。

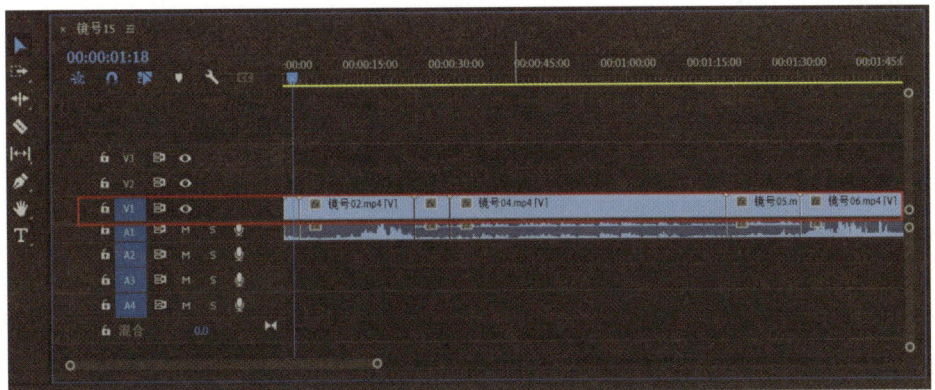

图 2-4-15 剪辑视频步骤一（1）

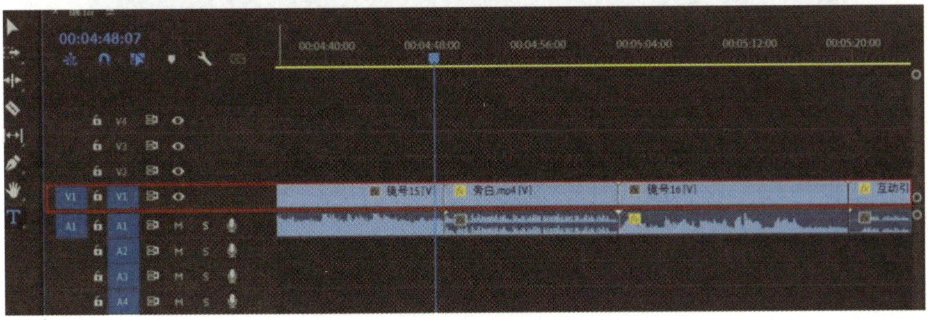

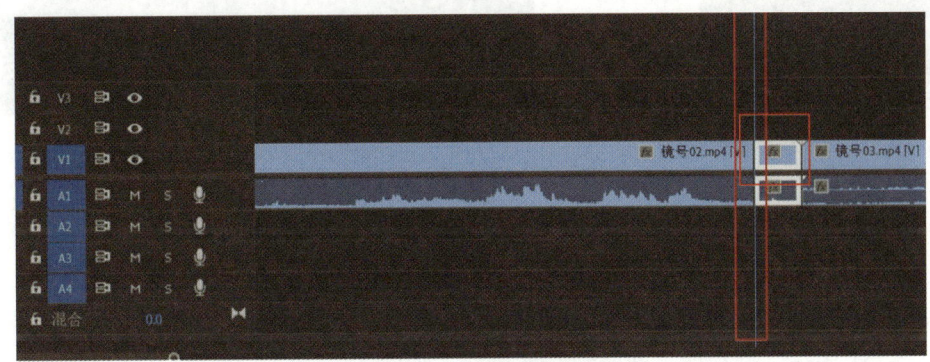

图 2-4-16 剪辑视频步骤一（2）

（2）步骤二：根据剧本审视素材，将每个镜头不需要的部分，使用工具架中的"剃刀"工具裁切掉。将时间指示器定位到 00：00：21：27 的位置，选择工具架中的"剃刀"工具，在该位置单击鼠标左键切割视频，随后点击"选择"工具，选取 00：00：21：27 到 00：00：22：27 的镜头，按 Delete 键删除，其余镜头根据剧本剪切，最后将所有修改好的素材按顺序排列在一起，滑动时间线即可在节目监视器面板中预览视频效果，镜头连贯，故事情节完整即可，如图 2-4-17 所示。

图 2-4-17 剪辑视频步骤二

（3）步骤三：调节视频中的音量，选中镜号为 05 的素材，点击鼠标右键，弹出快捷菜单，选择"音频增益"，在"音频增益"对话框中，修改"调节增益值"为15db，点击"确定"按钮，音量调节合适后，根据剧本进行裁剪及排版，调节其他镜号音量的方法一样，如图2-4-18所示。

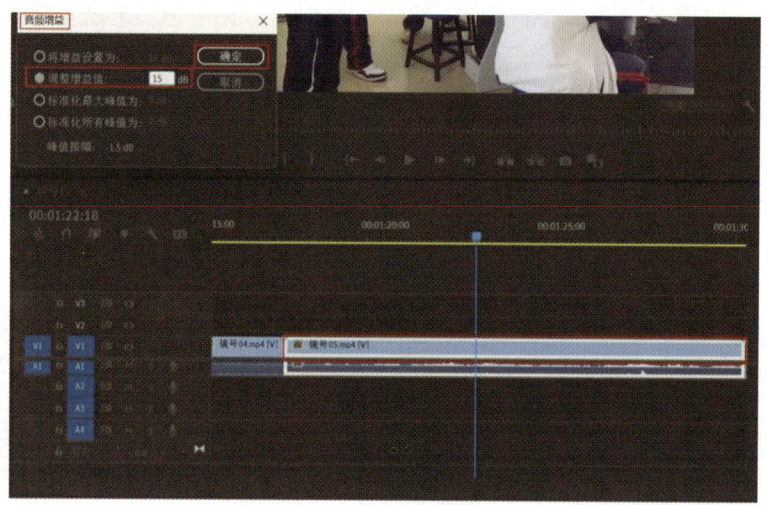

图 2-4-18　剪辑视频步骤三

（4）步骤四：审视素材，发现录制的素材有多余的声音，选中镜号为 07 的素材，点击鼠标右键，弹出快捷菜单，选择"取消链接"，删除音频。其他素材删除音频的方法相同，如图 2-4-19、图 2-4-20 所示。

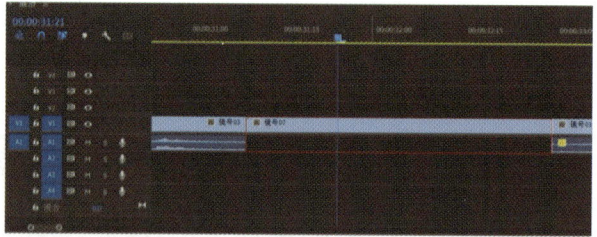

图 2-4-19　剪辑视频步骤四（1）　　　　图 2-4-20　剪辑视频步骤四（2）

活动 3：添加转场效果

点击"效果"，在"效果"面板里的"视频过渡"中选择"渐变擦除"转场效果，如图 2-4-21 所示。将其拖入两段视频的中间，如图 2-4-22 所示，其余转场进行同样操作即可。滑动时间线查看画面效果，调整镜头细节。

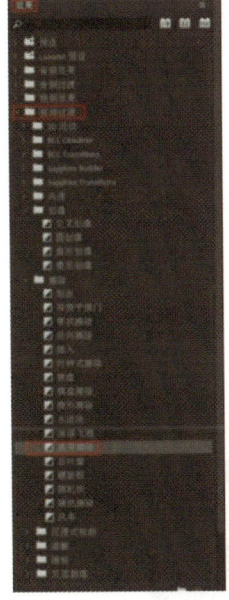
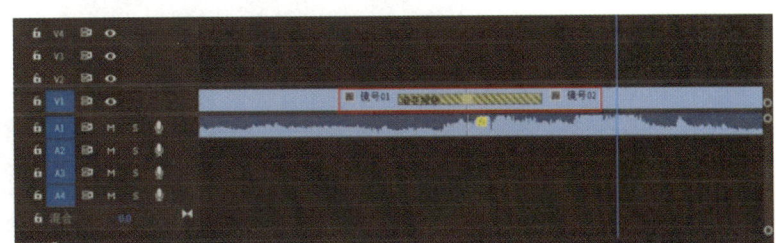

图 2-4-21 选择"渐变擦除"转场效果的界面

图 2-4-22 添加"渐变擦除"转场效果后的界面

活动 4：剪辑音频

（1）将"时间指示器"移动到 00：00：00：00 处，将素材"欢快"拖入 Adobe Premiere Pro 音频轨道 A2 中，音乐长度与视频长度不匹配，再次拖入"欢快"音乐，与前一音乐连接，将时间指示器定位到视频结尾处，选择"剃刀"工具，在该位置单击鼠标左键切割音频，随后，点击"选择"工具，选取多余音频，按 Delete 键删除，如图 2-4-23 所示。

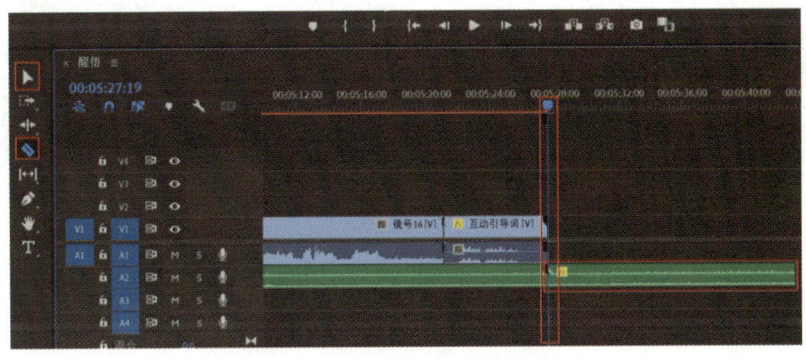

图 2-4-23 添加"欢快"音乐素材

（2）设置音乐的淡入淡出效果。选择"效果"面板→"音频过渡"→"指数淡化"，如图 2-4-24 所示。将"指数淡化"拖入到 A2 音频轨道的开头和结尾位置，如图 2-4-25、图 2-4-26 所示。

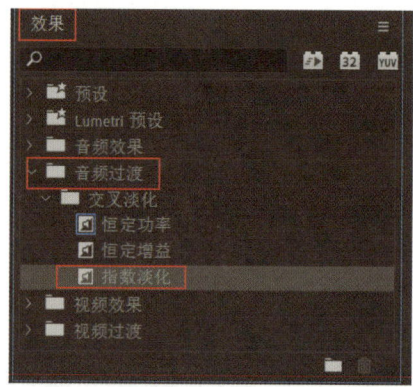

图 2-4-24 选择"指数淡化"的界面

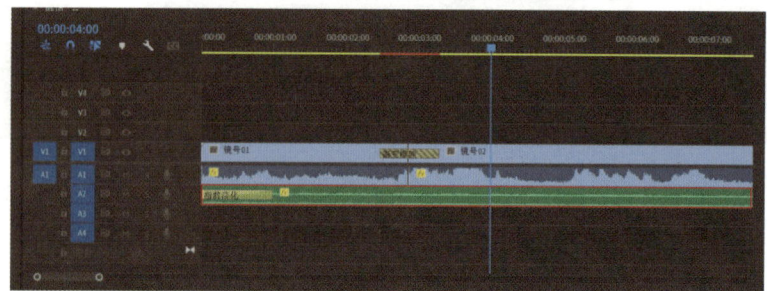

图 2-4-25 将"指数淡化"放置在开头位置的界面

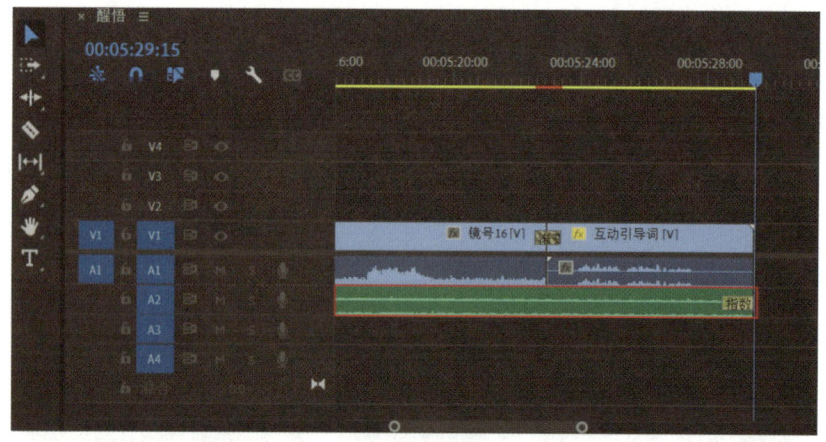

图 2-4-26 将"指数淡化"放置在结尾位置的界面

活动 5：制作字幕

（1）选择工具架中的"T"，如图 2-4-27 所示。在节目监视器面板中需要写文字的位置单击鼠标左键，出现闪动的光标，在时间线面板中 V2 层出现文字图层，直接输入需要的文字，使用"选择"工具移动文字层位置与下边的视频层画面对应，如图 2-4-28 所示。

图 2-4-27　工具架中的"T"
（细节图）

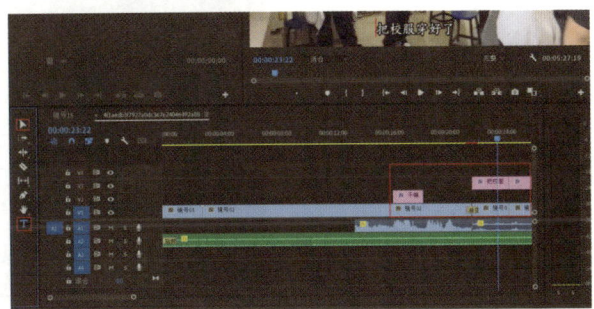

图 2-4-28　添加文字后的效果界面

（2）如需修改字幕的文字格式，选中文字，点击浮动面板中的"基本图形"→"编辑"，在"对齐并变换"选项卡里，修改文字格式功能位于节目监视器面板中的位置，在"文本"选项卡里修改字体样式、大小、颜色、对齐方式、间距等，如图 2-4-29 所示。

图 2-4-29　修改字幕的文字格式的操作界面

活动 6：导出视频

（1）步骤一：选择"文件→导出→媒体"或按 Ctrl+M 组合键，打开"导出设置"对话框，如图 2-4-30 所示。

（2）步骤二：在"导出设置"对话框中，设置"视频格式"为 H.264，或根据需要设置成其他视频格式,点击"输出名称"选项,修改保存路径,并改名为"醒悟",点击"导出"按钮,如图 2-4-31 所示。

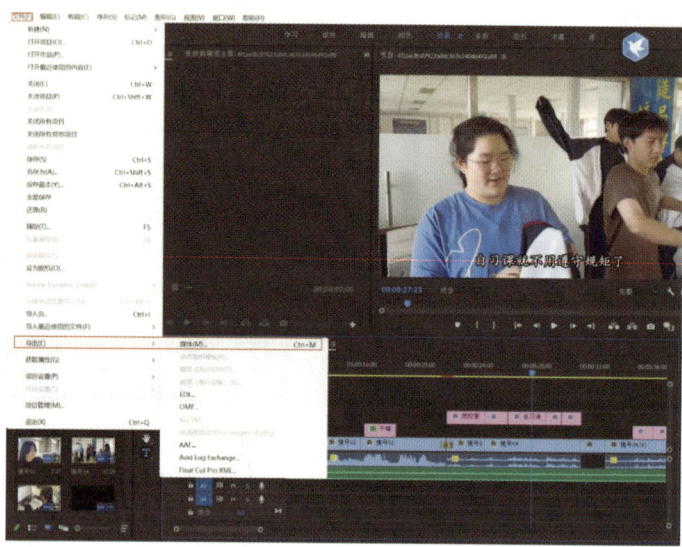

图 2-4-30　导出视频步骤一

图 2-4-31　导出视频步骤二

任务五　数据复盘与优化

在抖音平台发布短视频后,可以通过抖音 App 的创作者服务中心查看自身数据,还可以利用一些专业的数据平台查看和分析数据,然后根据数据分析结果来优化内容创作策略,提升作品的传播效果,增加用户互动。下面以"灰豚数据"平台为例进行阐述。

在浏览器中打开灰豚数据抖音版,网址为 https://dy.huitun.com/,如图 2-4-32 所示。

图 2-4-32　灰豚数据抖音版首页界面

微信扫码登录或手机号登录,然后在上方的搜索框中输入达人账号进行搜索,如图 2-4-33 所示,即可查看整体数据,包括数据概览、粉丝分析、作品分析等。

图 2-4-33　灰豚数据中的整体数据界面

下面是使用灰豚数据平台对抖音账号"×××"进行数据分析的相关信息,如图 2-4-34、图 2-4-35 所示。

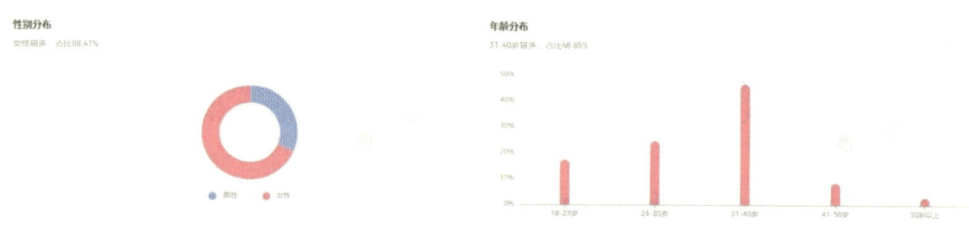

图 2-4-34　灰豚数据中的相关数据界面（1）

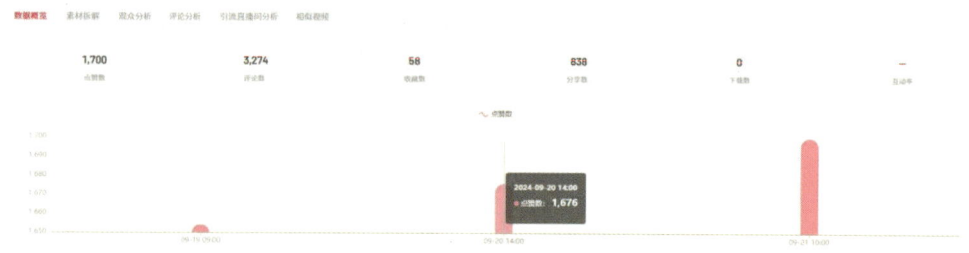

图 2-4-35　灰豚数据中的相关数据界面（2）

根据图 2-4-34 我们可以看出：该账号女性用户居多，占比 68.41%。年龄定位在 31～40 岁的居多，占比 46.65%，其次是 24～30 岁、18～21 岁的用户。此情景短视频包含了教育和启发性的元素，为正在育儿或准备育儿的女性提供了教育下一代的思考和启示。这个年龄段的女性可能在生活、工作和情感上面临各种挑战与压力，视频内容触及了她们的共鸣点，视频涉及自我成长等社会议题，这些议题对于 18～40 岁的女性更具有吸引力，因为她们可能正在探索自我价值和实现个人目标，通过短视频可进行自我教育和提升。41～50 岁和超过 50 岁的用户占比极低，中老年人可能更关注健康、退休生活等主题的内容，此视频更多地聚焦年轻人的成长、教育和自我反思等议题，这些内容与中老年人的兴趣点不够契合。

根据图 2-4-35 中的相关数据，我们可以看出：

（1）点赞数低

视频内容与人们的生活密切相关，寓教于乐的演绎引发各类用户共鸣。然而因为是学生自拍，所以视频拍摄质量不高，学生的演技也一般，视频的制作质量也不高，如标题和封面等不够吸引人。

（2）评论数高

该短视频探讨了教育的目的，与许多人的个人经历和观点相呼应，对内容的共鸣激发了观众的讨论欲望。视频创作者在视频的某个环节引导观众进行评论，提出问题，呼吁观众分享自己的看法，这样的互动性提高了评论数。

综合以上数据分析，可以考虑以下优化建议和意见：

（1）内容创新：创作独特和有创意的内容，避免同质化，内容要有意义、有启发性和实用性。

（2）视频质量：确保视频具有高清晰度、稳定的画面和清晰的音质，提升视频的整体质量。设置吸引人的视频封面和标题，增加有趣的元素，如音乐、特效等，可吸引观众的注意力，吸引用户点击和观看。

（3）演员选择：好的情景剧，除了要内容吸引人外，还要以原创脚本为特点，凭借着演员独特的表演天赋和敏锐的洞察力，运用各种表演技巧，使视频内容更加生动有趣，以此吸引粉丝关注。

（4）优化发布时间：分析目标观众的活跃时间段，选择最佳时间发布内容，以提高视频的曝光率和互动率。

（5）回复用户评论：及时回复用户的评论，与用户建立良好的互动关系，提高用户满意度和忠诚度，以增加点赞量。

知识链接

1.Adobe Premiere Pro 简介

Adobe Premiere Pro 是一款专业的视频编辑软件，广泛应用于电影、电视、广告和网络视频制作等领域，它的主要功能包括以下几个方面：

（1）视频剪辑：Adobe Premiere Pro 支持多种视频格式，提供精准的剪辑工具，可以快速进行视频分割、裁剪、拼接、倒放、变速（常规、曲线、自定义变速）、转场等操作。它还可以同时编辑多个视频轨道和音频轨道的内容，实现复杂的视频制作。

（2）颜色校正：Adobe Premiere Pro 提供强大的颜色校正和分级工具，可以调整视频的色彩平衡、饱和度、对比度等。

（3）字幕和特效：Adobe Premiere Pro 提供多种字幕样式和丰富的视频特效及过渡效果，用于增强视频的视觉效果。

（4）音频编辑：Adobe Premiere Pro 集成音频编辑工具，可以调整音量、平衡、混音等。

（5）项目共享：Adobe Premiere Pro 允许多个用户协作编辑同一项目，提高团队工作效率。

（6）输出选项：Adobe Premiere Pro 提供多种输出格式和设置，可以根据需要导出不同质量的视频文件。

2. 灰豚数据简介

灰豚数据是一个专注于短视频与直播电商领域的大数据分析平台，核心理念是"数据洞察,营销管理",通过大数据分析技术,为客户提供精准的市场分析、竞品调研、消费者梳理、社媒洞察等服务。该平台汇集了海量的社交媒体数据,结合先进的数据挖掘和人工智能算法,为品牌和商家提供一站式的数据分析与营销管理服务,提升品牌价值和销售业绩。

灰豚数据抖音版入口:https://dy.huitun.com/

灰豚数据小红书版入口:https://xhs.huitun.com/

小贴士

使用灰豚数据的注意事项:

(1)数据准确性:虽然第三方平台提供的数据有参考价值,但可能会有一定的延迟或误差,应以抖音官方数据为主。

(2)功能使用:灰豚数据提供多种高级功能,如直播数据分析、商品分析等,根据需要合理使用。

(3)费用问题:灰豚数据的部分功能可能需要付费使用,可根据自身需求和预算进行选择。

学习评价

1. 学习过程评价

班级:_____ 姓名:_____ 组别:_____

序号	考核指标	等级(权重)				自评 30%	小组评 30%	教师评 40%
		优秀	良好	合格	需努力			
1	实训过程中遇到疑难,能通过请教老师、同伴和互联网检索等途径自主学习	5	4	3	2			
2	具有团队协作意识,学会与他人分享、交流,共同提高短视频制作和运营水平	5	4	3	2			
3	有创新思维,敢于尝试新的短视频表现形式	5	4	3	2			
4	能合理制订工作计划,在规定时间内完成任务,时间控制合理	5	4	3	2			
5	能遵守实训室规章制度,不迟到、不早退	5	4	3	2			

续表

序号	考核指标	等级（权重）				自评 30%	小组评 30%	教师评 40%
		优秀	良好	合格	需努力			
6	能在交流中勇于发表意见、提出疑惑，乐于帮助他人学习	5	4	3	2			
7	具有责任心，对项目进度和质量负责	5	4	3	2			
各项总分：								
总　　分：								
我的自评：								
组内评语：								
教师评语：								

2. 理论考试（扫描二维码完成题目）

理论考试

3. 成果评价

班级：_____　姓名：_____　组别：_____

	考核指标	等级（权重）				自评 20%	小组评 20%	教师评 30%	企业导师评 30%
		优秀	良好	合格	需努力				
主观评价	能够分析情景类短视频的市场定位，能洞察同类短视频的相关数据并分析要点，为创作提供有价值的参考	5	4	3	2				
	能够利用情景类短视频文案策划的方法，独立撰写分镜头脚本	5	4	3	2				
	能够利用情景类短视频素材选取原则，独立完成短视频素材的拍摄与整理	5	4	3	2				
	能够利用 Adobe Premiere Pro 的剪辑技巧进行短视频的剪辑	5	4	3	2				

续表

考核指标		等级（权重）				自评 20%	小组评 20%	教师评 30%	企业导师评 30%
		优秀	良好	合格	需努力				
主观评价	能够利用灰豚数据查看数据，能够针对数据进行分析、复盘与优化，提高短视频质量和传播效果	5	4	3	2				
客观评价	文案内容具有创意，故事情节完整，有教育意义，有效传达主题，能引起观众的情感共鸣，且无错别字	5	4	3	2				
	演员能按照剧本声情并茂地演绎，使视频更加生动有趣	5	4	3	2				
	拍摄的素材与脚本镜号相符，画面清晰连贯且无抖动	5	4	3	2				
	文件命名符合规范	5	4	3	2				
	成片画面明暗统一、色调统一，镜号之间衔接自然，故事情节完整，画面质量高	5	4	3	2				
	镜头画面和解说词立意鲜明，无与主题不一致的画面，并且解说词清晰规范，无错别字	5	4	3	2				
	视频有切合情景的配乐，声音质量高	5	4	3	2				
各项总分：									
总　　分：									
学生自评：									
组内评语：									
教师评语：									

项目小结

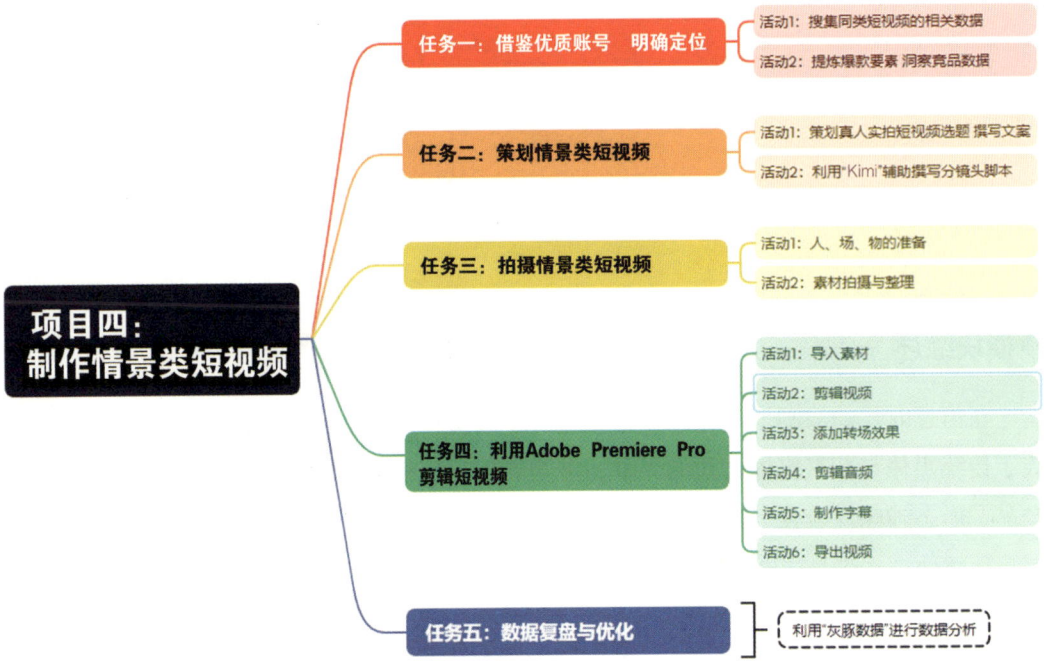

图 2-4-36　制作情景类短视频的思维导图

项目拓展练习

➢ **制作以"年轻无极限"为主题的情景类短视频**

请扫描二维码完成项目拓展练习。

项目拓展练习

模块三 综合实训

● 模块综述

在信息时代的浪潮下，媒体融合已成为不可阻挡的趋势。它如一股强大的力量，打破了传统媒体与新兴媒体之间的界限，重塑着信息传播的格局。短视频作为一种新媒体产品，形态趣味性较强、现场感突出，受到互联网平台受众的高度认可与喜爱，在提升信息传播效率、满足受众多元化需求、增强媒体行业的竞争力等方面具有重要意义。

表 3-0-1 学时分配

序列	项目	任务	活动	学时分配
1	中职技能大赛短视频制作技巧	任务一： 音乐卡点技巧——卡点艺术：《梦想起点》	活动1：新建项目，导入素材 活动2：制作卡点音乐 活动3：根据节拍添加视频画面并添加转场效果 活动4：预览效果并导出成片	4
2		任务二： 字幕设计技巧——字幕映衬下的爱国情怀：《中国红》	活动1：新建项目，导入素材 活动2：根据朗诵内容生成字幕文件 活动3：使用 Adobe Premiere Pro CC 软件给视频添加字幕 活动4：使用 Adobe Premiere Pro CC 软件给视频添加包装字幕	4
3		任务三： 剪辑艺术技巧——学子飞扬：《我的榜样在身边》	活动1：制作解说配音 活动2：整理素材 活动3：制作主片 活动4：利用 Adobe After Effects CC 软件制作包装 活动5：利用剪映软件添加字幕 活动6：制作片头和片尾	8

●岗课赛证要求

表 3-0-2 岗赛课证要求

职业岗位要求	专业学习要求	技能竞赛要求	职业技能等级证书
根据要求输出创意文案,独立创作出垂直类的内容,涵盖多种风格、多种场景。 掌握拍摄技巧,进行短视频创意拍摄,创意构思和规划镜头语言。 掌握剪辑技术,为视频添加转场、音频、特效等,从而生成有节奏感的高质量短片。 具有团队协作能力、沟通能力和统筹能力。	广播影视节目制作:了解影视节目的制作概念、流程,掌握影视节目制作的基础知识和基本理论,熟悉主流非线性编辑软件,能够进行影视节目后期编辑、制作,熟练运用相关软件进行后期合成、特效制作。 数字媒体技术应用:了解新媒体的发展趋势和特点,学习新媒体内容的制作和传播。 文化创意与策划:掌握文化创意策划、活动策划与执行、项目管理等。	具备策划书编写、素材管理、影视编辑、音画合成、制作反思的能力。 具备提升自我认识、提升审美、价值判断、团队合作的能力。	短视频数字化运营师 新媒体策划师 全媒体运营师 网络营销师

● 知识、能力图谱

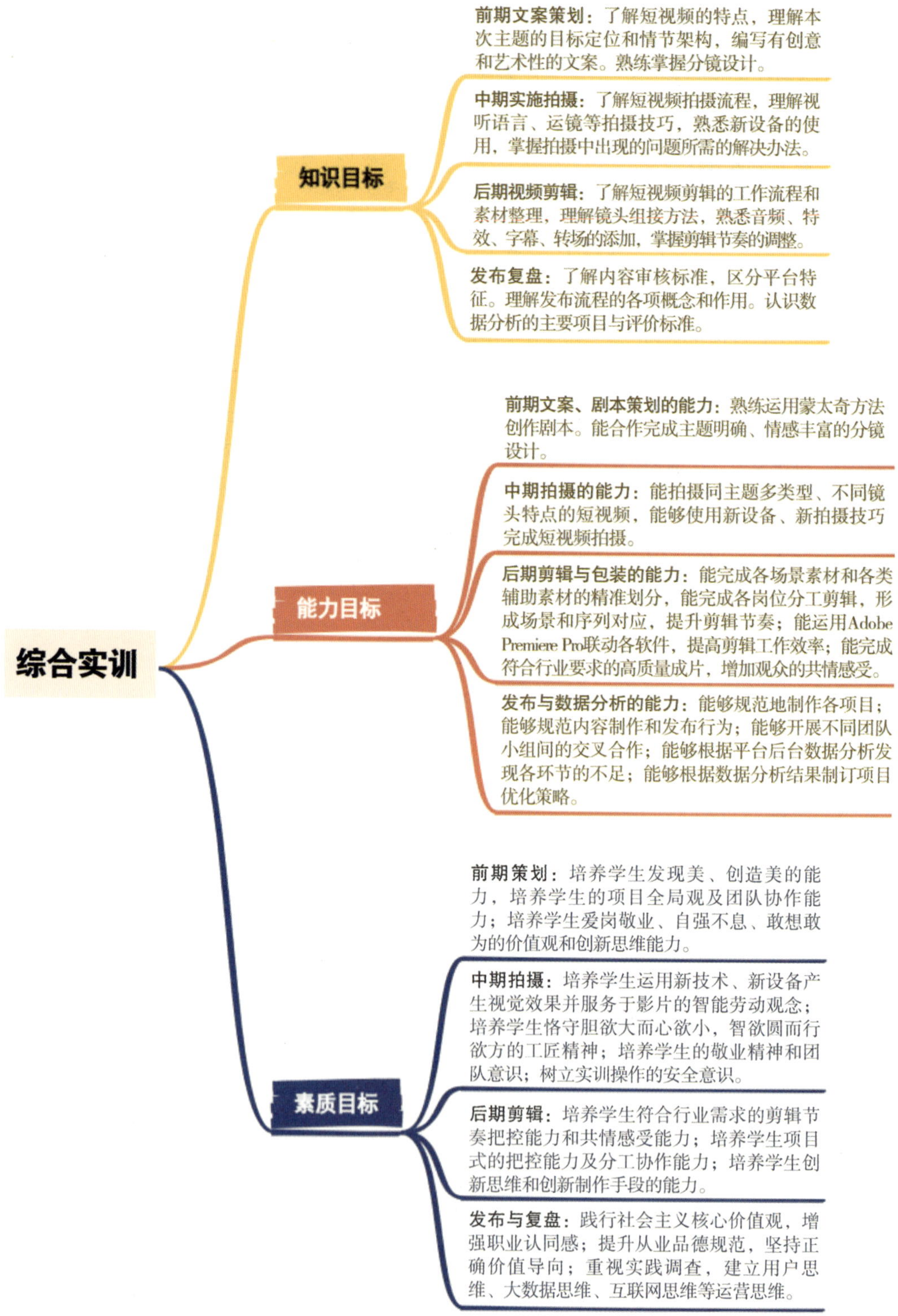

综合实训

- **知识目标**
  - **前期文案策划**：了解短视频的特点，理解本次主题的目标定位和情节架构，编写有创意和艺术性的文案。熟练掌握分镜设计。
  - **中期实施拍摄**：了解短视频拍摄流程，理解视听语言、运镜等拍摄技巧，熟悉新设备的使用，掌握拍摄中出现的问题所需的解决办法。
  - **后期视频剪辑**：了解短视频剪辑的工作流程和素材整理，理解镜头组接方法，熟悉音频、特效、字幕、转场的添加，掌握剪辑节奏的调整。
  - **发布复盘**：了解内容审核标准，区分平台特征。理解发布流程的各项概念和作用。认识数据分析的主要项目与评价标准。

- **能力目标**
  - **前期文案、剧本策划的能力**：熟练运用蒙太奇方法创作剧本。能合作完成主题明确、情感丰富的分镜设计。
  - **中期拍摄的能力**：能拍摄同主题多类型、不同镜头特点的短视频，能够使用新设备、新拍摄技巧完成短视频拍摄。
  - **后期剪辑与包装的能力**：能完成各场景素材和各类辅助素材的精准划分，能完成各岗位分工剪辑，形成场景和序列对应，提升剪辑节奏；能运用Adobe Premiere Pro联动各软件，提高剪辑工作效率；能完成符合行业要求的高质量成片，增加观众的共情感受。
  - **发布与数据分析的能力**：能够规范地制作各项目；能够规范内容制作和发布行为；能够开展不同团队小组间的交叉合作；能够根据平台后台数据分析发现各环节的不足；能够根据数据分析结果制订项目优化策略。

- **素质目标**
  - **前期策划**：培养学生发现美、创造美的能力，培养学生的项目全局观及团队协作能力；培养学生爱岗敬业、自强不息、敢想敢为的价值观和创新思维能力。
  - **中期拍摄**：培养学生运用新技术、新设备产生视觉效果并服务于影片的智能劳动观念；培养学生恪守胆欲大而心欲小，智欲圆而行欲方的工匠精神；培养学生的敬业精神和团队意识；树立实训操作的安全意识。
  - **后期剪辑**：培养学生符合行业需求的剪辑节奏把控能力和共情感受能力；培养学生项目式的把控能力及分工协作能力；培养学生创新思维和创新制作手段的能力。
  - **发布与复盘**：践行社会主义核心价值观，增强职业认同感；提升从业品德规范，坚持正确价值导向；重视实践调查，建立用户思维、大数据思维、互联网思维等运营思维。

图 3-0-1　知识、能力图谱

项目　中职技能大赛短视频制作技巧

（16 课时）

项目主题

中职技能大赛短视频制作技巧

三维目标

知识目标

- 了解行业和大赛高效整理素材的方法。
- 了解字幕的各种设计样式。
- 熟悉短视频剪辑的特效混合方法。
- 掌握视频节奏与画面氛围细节的调整。

能力目标

- 能完成各场景素材和各类辅助素材的精准划分。
- 能完成片头、片尾、字幕和包装的设计与动画。
- 能够根据片子节奏添加恰当的配乐和音效。
- 能够学会联动使用不同的软件。
- 能够在规定时间内完成高质量成片。

素质目标

- 培养学生积极向上、勤奋好学、全面发展的价值观和工匠精神。
- 培养学生创新思维和创新制作手段的能力。
- 培养学生项目式的把控能力及分工协作能力。
- 培养学生发现问题、解决问题的能力。

项目任务书

1. 项目背景

全国职业院校技能大赛《短视频制作》，运用工程实践创新项目（EPIP）教学模式，从工程化、实践性、创新性、项目式四个方面，把短视频制作的核心技术技能通过七个任务形成一个完整的项目，提升参赛选手的操作能力和创新创意水平，提升参赛选手审美、价值判断、团队合作的能力，引导教学改革与产业发展、岗位需求的紧密结合，以赛促教、以赛促融。

本模块通过三个短视频案例的制作，从运用剪辑技巧、设计并添加字幕和提高短视频艺术性等方向，让学生全方位巩固所学知识，培养艺术感和创造力，学会用镜头语言将自己的想法和情感表达出来，创作出更具吸引力和感染力的作品。

2. 项目目标

（1）展示获奖学生的优秀事迹，增强学生荣誉感，同时宣传国家对教育的重视和投资。

（2）激发学生追求梦想的信念，传递积极向上的价值观，鼓励学生为实现梦想而努力。

（3）展现诗词的魅力，传承和弘扬传统文化，提升学生对文学艺术的欣赏能力。

（4）掌握短视频技能大赛的相关知识，提高参赛水平。

3. 项目内容

（1）策划方案：确定主要内容，包括展示形式、设计分镜脚本、制作周期、成本预算。

（2）中期拍摄：准备拍摄设备、演员服装，根据剧本进行创意拍摄。

（3）后期制作：整理素材，创意剪辑，添加包装。

（4）发布与推广：确定发布渠道，进行数据跟踪。

4. 项目时间表

（1）前期策划：2课时

（2）中期拍摄：4课时

（3）后期制作：8课时

（4）发布与推广：2课时

5. 项目团队

（1）策划团队：负责项目整体规划和执行。
（2）拍摄团队：负责素材筛选、拍摄和视频制作。
（3）后期制作团队：负责视频剪辑和后期制作。
（4）运营推广：负责账号管理和推广活动。
（5）销售跟踪：负责商品链接的添加和销售数据跟踪。

6. 项目预算

本项目的三个案例都是由学生出镜表演，拍摄和剪辑设备由学校提供，场地选取了校园，因此，没有产生费用。

7. 项目风险与应对措施

（1）创意和内容风险：确保宣传片内容创新且吸引人，避免陈词滥调。创作者可以通过校园调研和目标受众分析等策略来创作有吸引力的内容。
（2）技术风险：包括拍摄和后期制作过程中可能出现的技术问题。拍摄前对设备进行预先测试，准备备用设备，确保制作团队具备必要的技术能力。
（3）人员安全风险：拍摄过程中可能会发生安全事故。提供必要的安全培训和设备，可以降低人员受伤的风险。
（4）传播效果风险：宣传片可能无法达到预期的传播效果。多渠道分发和有效的推广策略，可以提高宣传片的曝光率和影响力。

8. 项目评估

（1）评估指标：校园公众号及各平台视频的播放量、点赞量、分享量等。
（2）评估方式：通过数据分析软件，实时监控并评估项目效果。
（3）评估周期：每周进行一次评估，项目结束后进行整体评估。

所有项目都要保证拍摄人员和后期制作人员技术过硬，操作规范，团队成员互相沟通与帮助，共同完成高质量的短视频。

任务实施

任务一　音乐卡点技巧——卡点艺术:《梦想起点》

📘 任务描述

短视频剪辑中的节奏感对于吸引观众的注意力、增强信息的传播效果至关重要。本案例以"梦想起点"为主题,运用剪映软件制作卡点音乐,根据音乐的节奏剪辑画面,通过运动镜头的衔接和卡点剪辑的方式,制作有节奏感的短片,为烘托短视频的氛围,增强画面效果,添加合适的音效和转场,最后生成符合要求的高质量成片,如图 3-1-1 所示。

图 3-1-1　案例效果

✏️ 任务分析

在本案例中,需要完成以下主要操作:
- ➢ 使用"剪映"软件制作卡点音乐;
- ➢ 根据卡点音乐调整画面节奏;
- ➢ 添加转场效果;
- ➢ 导出成片。

📖 操作流程

扫码观看操作流程

扫码观看样片

活动 1:新建项目,导入素材

(1) 新建项目

选择桌面上的剪映软件,双击进入启动界面,弹出"用户界面"对话框,如图 3-1-2 所示,单击"开始创作"按钮,进入剪辑页面。

图 3-1-2 "用户界面"对话框

（2）导入素材

单击"导入"按钮，选择想要的视频素材，点击"打开"，即可导入想要的视频素材，如图 3-1-3、图 3-1-4 所示。

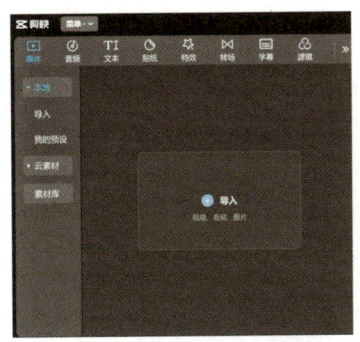

图 3-1-3 "导入"对话框

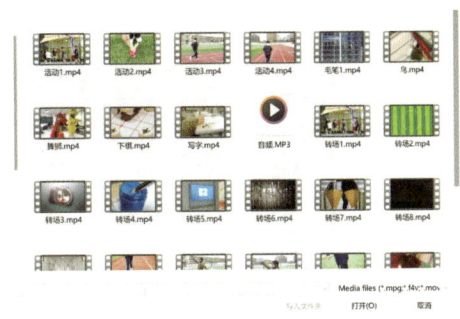

图 3-1-4 "打开"对话框

活动 2：制作卡点音乐

（1）导入背景音乐

将"时间指示器"移动到 00：00：00：00 处，导入音频素材，如图 3-1-5 所示。

（2）生成节拍

点击工具栏中的添加音乐节拍标记，选择"踩节拍Ⅱ"，如图 3-1-6 所示。

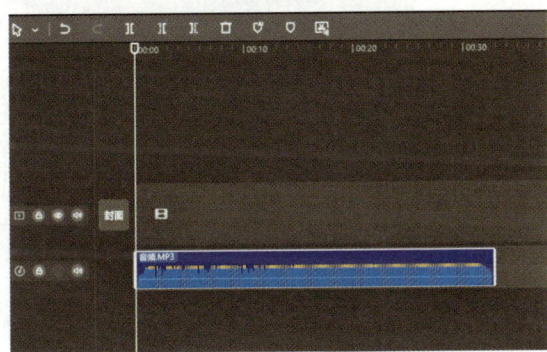

图 3-1-5 导入音频素材

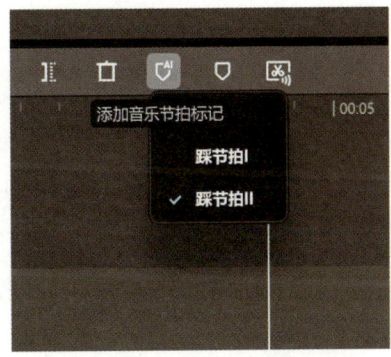

图 3-1-6 添加音乐节拍标记

> **小贴士**
>
> **重要提示**：AI生成的节拍有时不够准确，不能达到我们的预期，因此，我们可以点击"添加音乐节拍标记"右边的"添加标记"，手动添加我们想要的标记点。

活动3：根据节拍添加视频画面并添加转场效果

（1）导入素材

将"时间指示器"移动到00：00：00：00处，导入视频素材"毛笔1.mp4"，如图3-1-7所示。

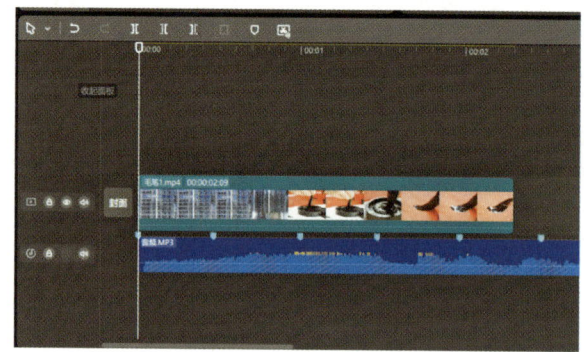

图3-1-7 导入视频素材

（2）调整素材

将"时间指示器"移动到00：00：02：09处，导入素材"鸟.mp4"到轨道，根据音频调整合适的画面，若AI生成的卡点并不是我们想要的卡点位置，那么，我们在00：00：03：07处手动添加一处标记，裁剪掉视频素材"鸟.mp4"中不合适的画面片段。

（3）添加转场效果

在菜单栏中找到"转场"效果按钮，在素材"鸟.mp4"与素材"毛笔1.mp4"中间添加"空间弹动IV"转场效果，如图3-1-8所示。调整"空间弹动IV"转场效果的参数，如图3-1-9所示。调整好后添加到两段素材中间，如图3-1-10所示。

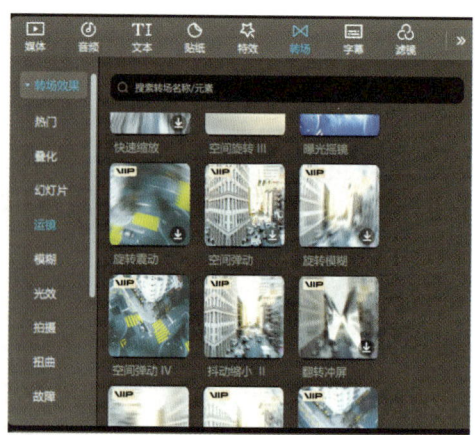

图3-1-8 转场效果界面

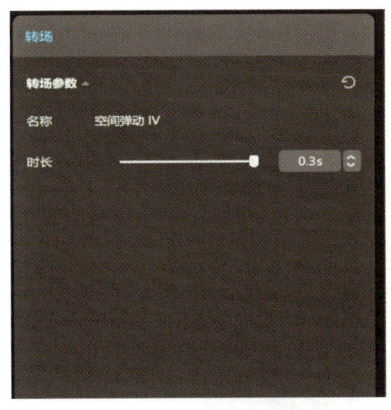
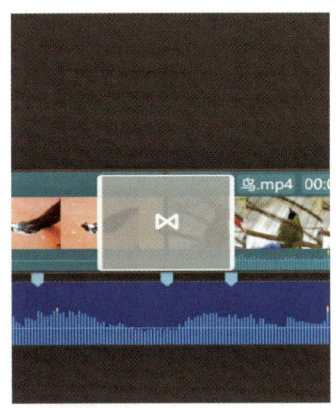

图 3-1-9　调整转场参数　　　　　图 3-1-10　添加转场效果

（4）导入素材并添加转场

将"时间指示器"移动到 00：00：03：13 处，导入"下棋.mp4"素材，根据卡点音频调整合适的画面，在菜单栏中找到"转场"效果按钮，在素材"下棋.mp4"与素材"鸟.mp4"中间添加"逆时针旋转Ⅱ"转场效果，并调整合适的参数，如图 3-1-11 所示。

（5）裁剪素材

将素材"下棋.mp4"根据标记裁剪，以达到卡点的效果，如图 3-1-12 所示。

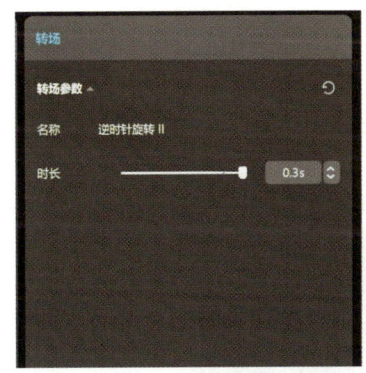
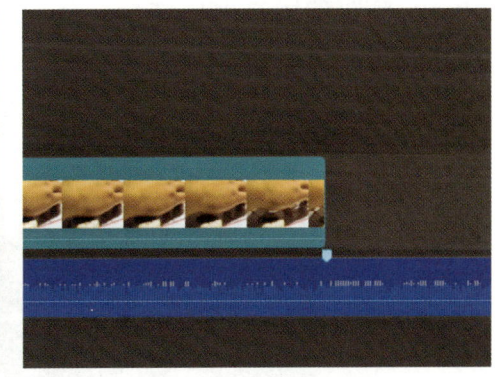

图 3-1-11　调整转场参数　　　　　图 3-1-12 调整卡点视频

（6）导入素材并添加转场

根据以上方法，依次导入"舞狮.mp4"和"写字.mp4"素材，再根据卡点音频调整合适的位置和画面，随后，在"舞狮.mp4"和"写字.mp4"中间添加"雾化"转场效果，并调整转场参数，如图 3-1-13 所示。

（7）导入素材并添加转场

依次导入"活动.mp4"和"转圈.mp4"素材，根据卡点音频调整位置和画面，随后在"活动2.mp4"和"活动3.mp4"之间添加"三屏滑入"转场效果,在"活动3.mp4"和"活动4.mp4"中间添加转场效果"向下"。在"活动4.mp4"和"转圈1.mp4"之间添加转场效果"闪回",并调整转场参数,如图3-1-14所示。

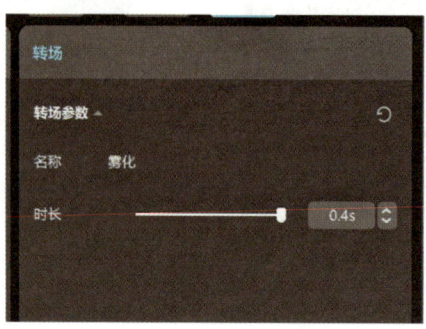

图 3-1-13　调整转场参数

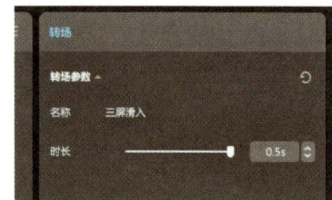 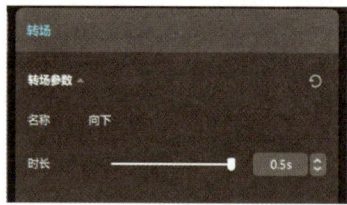 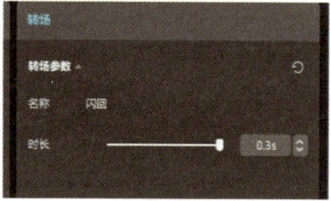

图 3-1-14　调整转场参数

活动 4:预览效果并导出成片

(1)根据以上方法将剩余素材导入,并按照上述办法添加合适的转场。

(2)预览成片,调整细节,确认没有问题后导出成片,具体参数如图3-1-15所示。

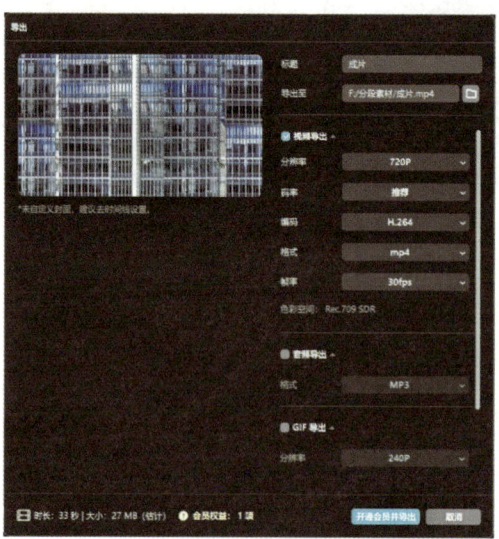

图 3-1-15　导出成片参数

任务二　字幕设计技巧——字幕映衬下的爱国情怀:《中国红》

📋 任务描述

本案例是给一首主题为"中国红"的朗诵视频添加字幕和角标字幕。角标字幕设计风格符合主题,动画流畅,台词字幕清晰明了,节奏与画面吻合,如图 3-1-16 所示。

图 3-1-16　案例效果

✏️ 任务分析

在本案例中,需要完成以下主要操作:

➤ 根据朗诵添加字幕;

➤ 根据视频风格添加角标字幕;

➤ 预览成片,调整细节;

➤ 导出成片。

📖 操作流程

活动 1:新建项目,导入素材

(1) 启动软件

选择电脑版本的剪映软件,双击进入界面,弹出"用户界面"对话框,如图 3-1-17

扫码观看操作流程

扫码观看样片

所示，单击"开始创作"按钮，进入剪辑页面。

图 3-1-17 "用户界面"对话框

（2）导入素材

单击"导入"按钮，选择成片，点击"打开"，即可导入想要的成片，如图 3-1-18、图 3-1-19 所示。

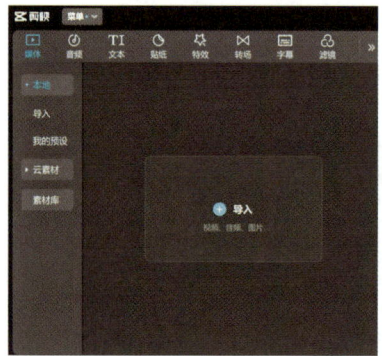

图 3-1-18 "导入"对话框

图 3-1-19 "打开"对话框

活动 2：根据朗诵内容生成字幕文件

（1）将"时间指示器"移动到 00：00：00：00 处，添加视频素材，右击素材轨道，找到"识别字幕/歌词"选项，如图 3-1-20 所示。

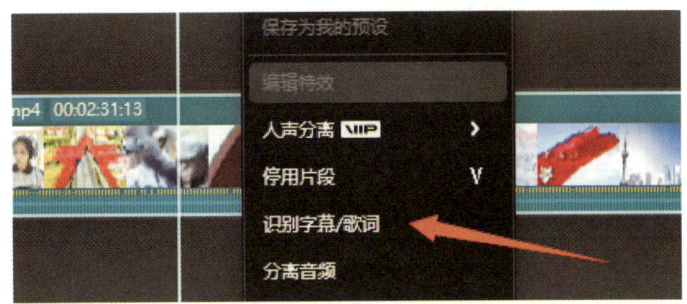

图 3-1-20 识别字幕 / 歌词选项

（2）点击"识别字幕 / 歌词"，识别字幕后呈现效果如图 3-1-21 所示。

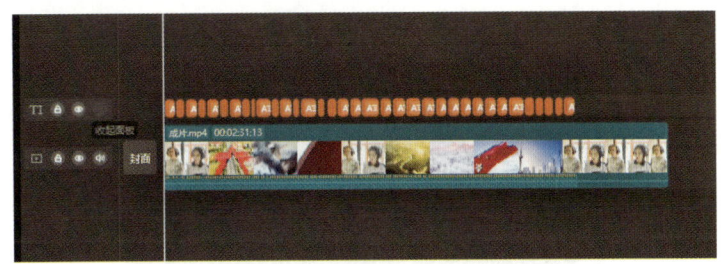

图 3-1-21 识别字幕后呈现效果

（3）选中所有字幕，点击右上角的"导出"按钮，进入弹窗后勾选"字幕导出"，导出参数如图 3-1-22 所示。

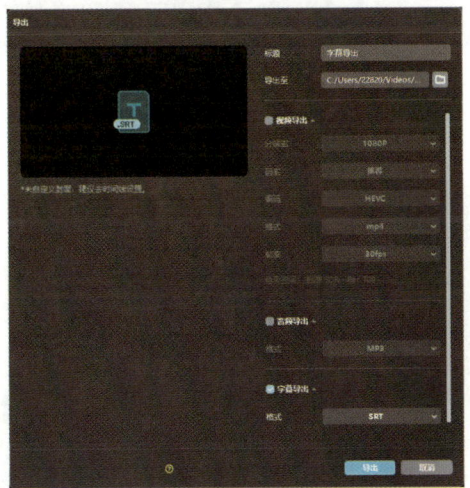

图 3-1-22 导出参数

> **小贴士**
>
> AI 生成的字幕有时不够准确，与实际想要的字幕可能有出入，因此，我们需要仔细检查字幕的准确性，然后可以手动进行修改。

活动 3：使用 Adobe Premiere Pro CC 软件给视频添加字幕

（1）启动软件

选择"开始→所有程序→ Adobe → Premiere Pro CC"启动 Premiere Pro CC，弹出"开始"对话框，单击"新建项目"按钮，进入"新建项目"对话框。

（2）导入素材

选择"文件→新建→序列"命令（使用快捷键 Ctrl+N），如图 3-1-23 所示。双击项目面板，导入"成片"素材和"字幕 .srt"素材，放置到 Premiere Pro CC 视频轨道中，在弹出的对话框中点击确定，如图 3-1-24、图 3-1-25 所示。

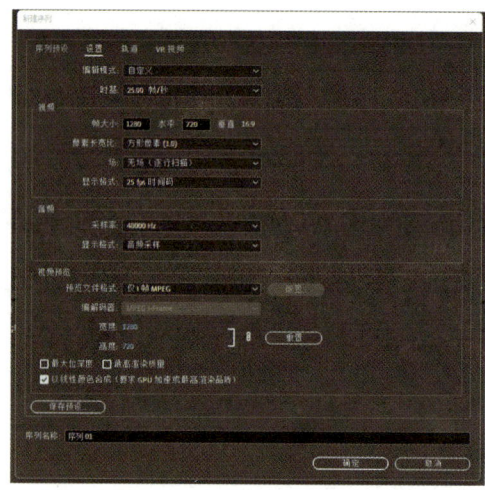

图 3-1-23　序列参数

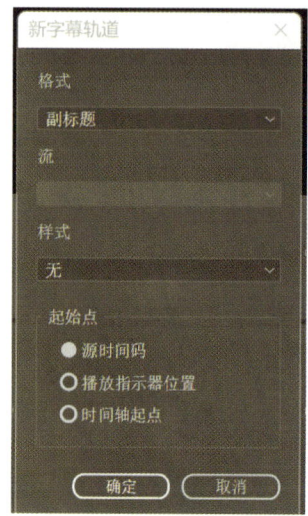

图 3-1-24　字幕导入轨道

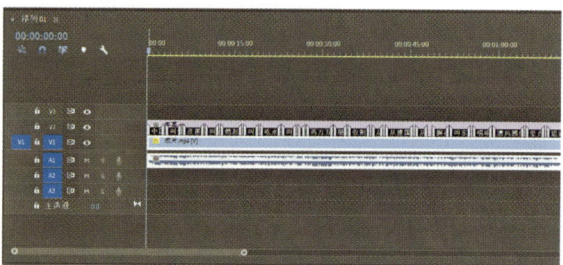

图 3-1-25　设置字幕位置

(3) 设置字幕样式

框选所有字幕，在字幕窗口点击"背景颜色"按钮，将背景颜色的透明度降为 0%，点击"文本颜色"按钮，将其改为"白色"，字体为"黑体"，字号为"42"，点击 X 轴旁边的九宫格，选择中间下列的小方格，调整文字的位置，将 Y 轴参数设为 92.71%，如图 3-1-26 所示。

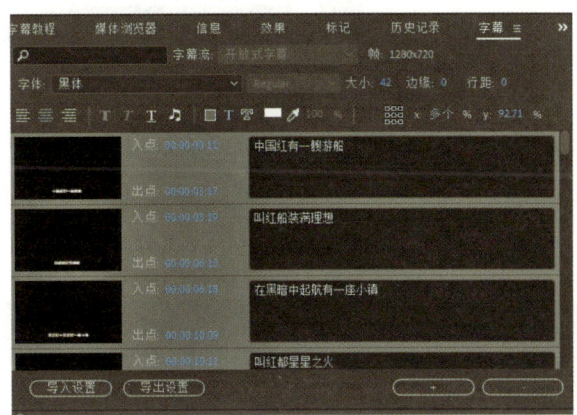

图 3-1-26　设置字幕样式

(4) 调整细节

根据朗诵节奏，调整字幕的出现时间。

活动 4：使用 Adobe Premiere Pro CC 软件给视频添加包装字幕

（1）创建旧版标题，点击"文件→新建→旧版标题"，弹窗出现后点击文字工具，在窗口面板输入"红色征程"四个字，将文字进行排列，字体改为"华文行楷"，全选文字后，点击"旧版标题样式"中的字体样式，如图 3-1-27 所示。关闭窗口，将建好的文字拖入视频 V3 轨道。

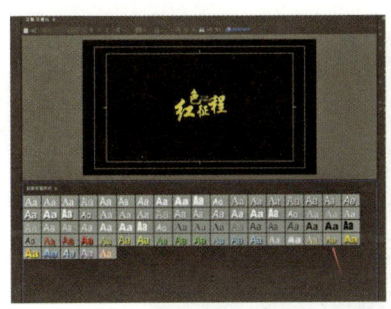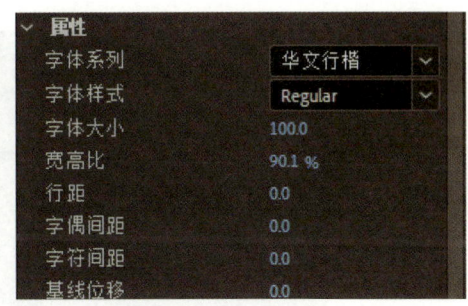

图 3-1-27　字体样式

（2）导入视频素材"光束"放置在 V4 轨道上，调整合适位置，使光束在文字中央。

（3）框选"光束"与"红色征程"素材，右击选择"嵌套"效果，如图 3-1-28 所示（部分素材不是带通道的，可以通过效果和预设选择颜色键进行抠图处理）。

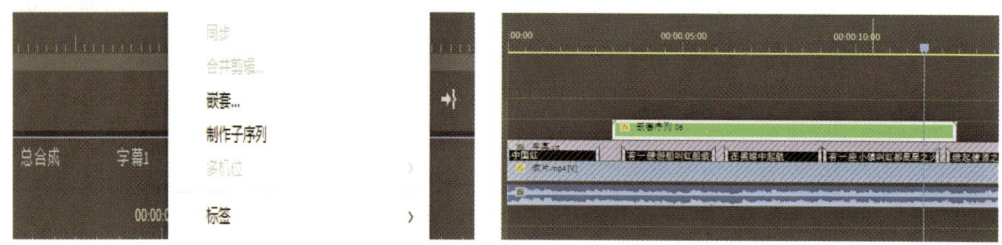

图 3-1-28 "嵌套"效果

（4）将嵌套序列重命名为"红色征程"，放置在轨道 00：00：03：00 处，点击效果控件，将缩放调整为 55.0，位置为 186.0，106.0，在 00：00：07：17 处，将后面多余的内容裁剪掉，如图 3-1-29 所示。

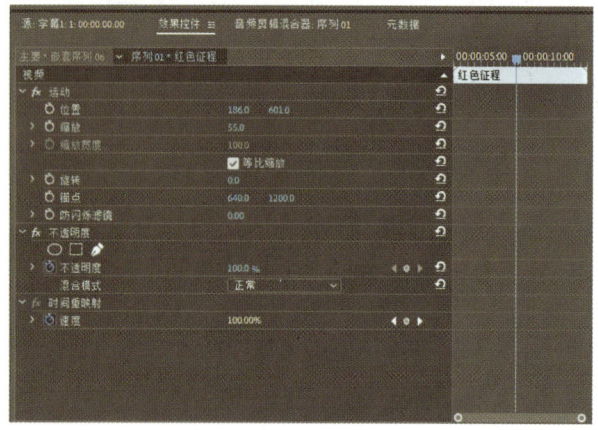

图 3-1-29 位置参数

（5）检查好无错误后，使用快捷键 Ctrl+M 导出，格式选择 H.264，输出名称改为"最终成片 .mp4"，如图 3-1-30 所示。

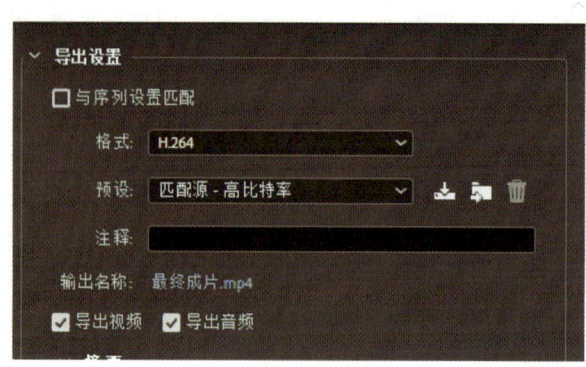

图 3-1-30 导出设置

任务三　剪辑艺术技巧——学子飞扬:《我的榜样在身边》

📋 任务描述

本案例将运用剪映软件给《我的榜样在身边》制作配音,根据配音添加并剪辑合适的画面,根据片子风格添加不同情感的背景音乐,并做好衔接。为了烘托片子氛围,增强画面效果,添加合适的音效和转场音效,根据影片风格添加包装特效,最后根据音乐节点调整整个画面的节奏感,如图 3-1-31 所示。

扫码观看样片

图 3-1-31　案例效果

📝 任务分析

在本案例中,需要完成以下主要操作:
- 根据文案利用剪映软件制作配音;
- 整理素材和建立对应的文件夹;
- 根据配音添加对应的画面;
- 添加背景音乐、音效;
- 添加转场和特效;
- 制作片头和片尾以及姓名条等包装;
- 添加字幕;
- 导出成片。

操作流程

活动1：制作解说配音

（1）启动剪映软件，点击创作，单击菜单栏的文本选项，添加默认文本，如图3-1-32所示。

扫码观看操作流程

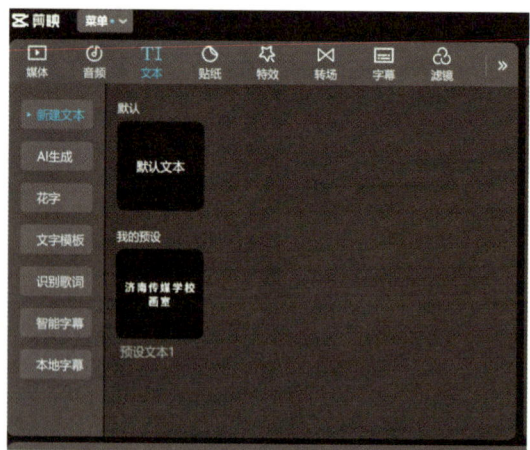

图3-1-32　剪映软件中的默认文本界面

（2）将文案（复制少于500字的台词）复制到文本区域，如图3-1-33所示。点击朗诵，选择"电台广播"的朗诵音效，点击开始朗诵，如图3-1-34所示。

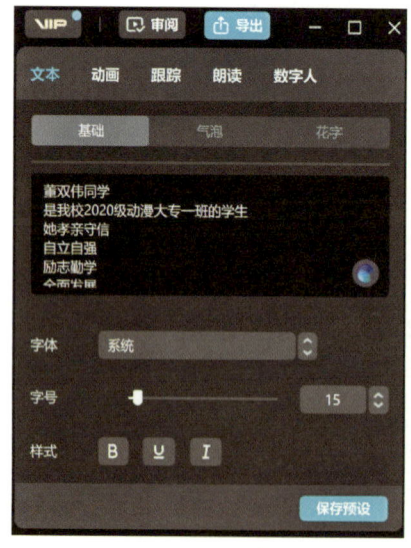

图3-1-33　复制文案　　　　　　图3-1-34　添加朗诵音效

（3）按照以上方法把剩余台词转为音频，配音成果如图3-1-35所示。

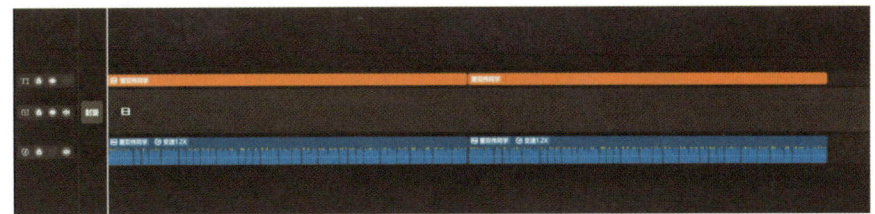

图 3-1-35　配音成果

（4）点击导出，并命名为"音频"，设置好导出路径即可导出，如图 3-1-36 所示。

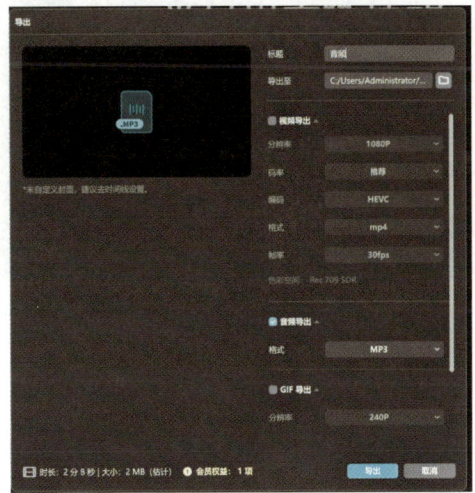

图 3-1-36　导出设置

活动 2：整理素材

（1）收集素材

将素材统一复制到电脑文件夹中，通过缩略图大概预览一下，确保这些素材都是需要用于剪辑的，并且是高质量的、可用的，如图 3-1-37 所示。

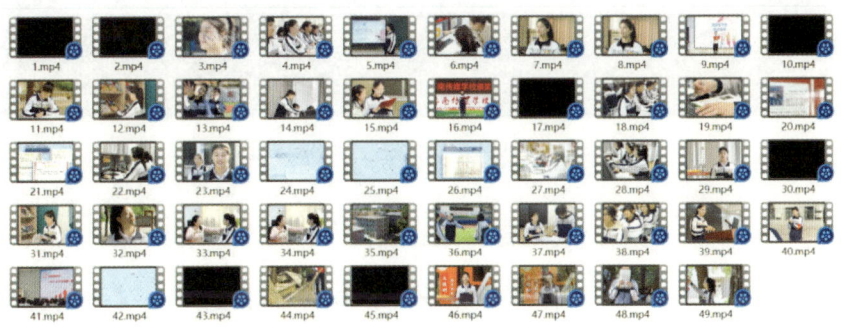

图 3-1-37　素材缩略图

(2)创建文件夹

在项目面板中,创建多个文件夹来存放不同类型的素材。例如,创建一个"视频"文件夹用于存放所有视频素材,创建一个"音频"文件夹用于存放音频素材,创建一个"图片"文件夹用于存放图片素材,如图 3-1-38 所示。

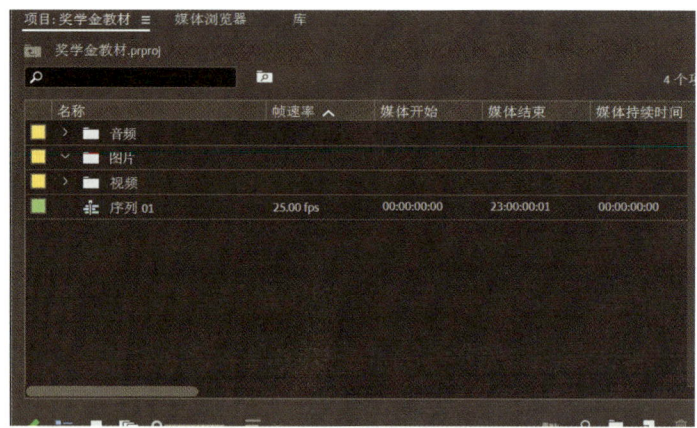

图 3-1-38　创建文件夹

(3)导入音频

在 Adobe Premiere Pro CC 中新建"序列 01",将整理好的素材导入"序列 01"的时间线,进行粗剪。

(4)标记和注释

对于特别重要的素材,可以添加标记或注释,还可以直接移动到上面一个轨道,以便在剪辑时能够快速识别,如图 3-1-39 所示。

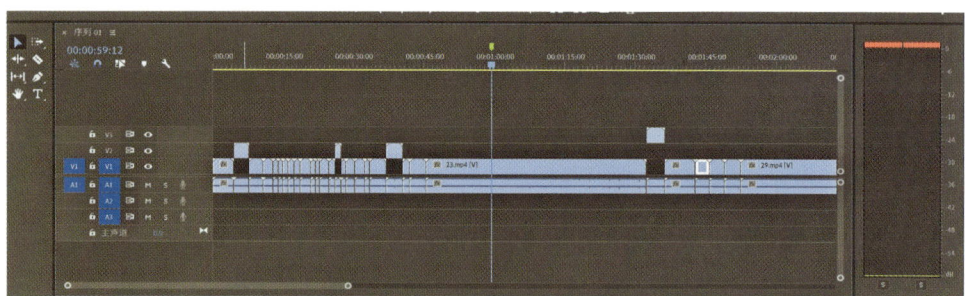

图 3-1-39　对素材进行标记的界面

> 💡 **小贴士**
>
> (1)拷完素材可以将素材备份一份,以防数据丢失。素材导入 Adobe Premiere Pro CC 工程后,素材命名和文件夹命名不要轻易修改,否则会导致工程文件丢失,需要一个一个地链接媒体。

(2)大赛对于文件夹的建立给了明确、严格的要求,请务必按照要求建立文件夹。

活动3:制作主片

(1)**新建项目,导入素材**

①选择"开始→所有程序→Adobe→Premiere Pro CC",启动Adobe Premiere Pro CC,弹出"开始"对话框,单击"新建项目"按钮,进入"新建项目"对话框。

扫码观看操作流程

②在"名称"文本框中输入"all",单击"浏览"按钮,选择项目保存的位置,单击"确定"按钮,进入Adobe Premiere Pro CC工作界面,如图3-1-40所示。

图3-1-40　Adobe Premiere Pro CC工作界面

③选择"文件→新建→序列"命令(快捷键为Ctrl+N),弹出"新建序列"对话框,输入序列名称为"奖学金宣传片",如图3-1-41。单击"确定"按钮,选择"文件→导入"命令(快捷键为Ctrl+I),弹出如图3-1-42所示的"导入"对话框,选中本案例中的所有素材,单击"打开"按钮,将素材全部导入"项目"面板,如图3-1-43所示。

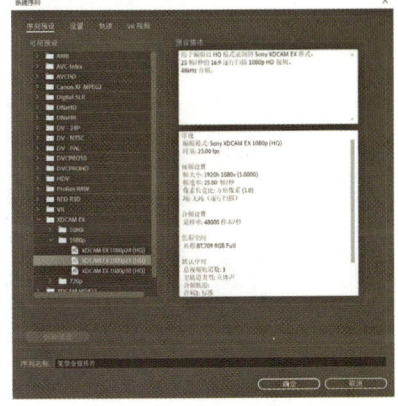

图3-1-41　新建序列界面

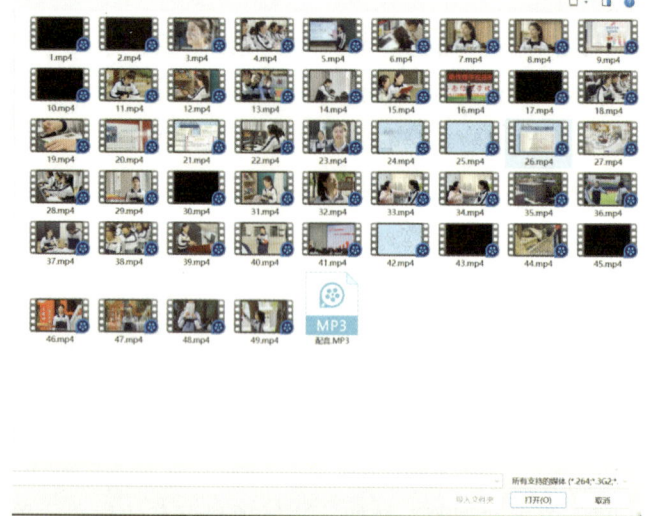

图 3-1-42 "导入"对话框

图 3-1-43 "项目"面板

(2) 根据解说配音添加视频画面

①将"时间指示器"移动到 00:00:00:00 处,导入音频素材到视频"A1"轨道,如图 3-1-44 所示。

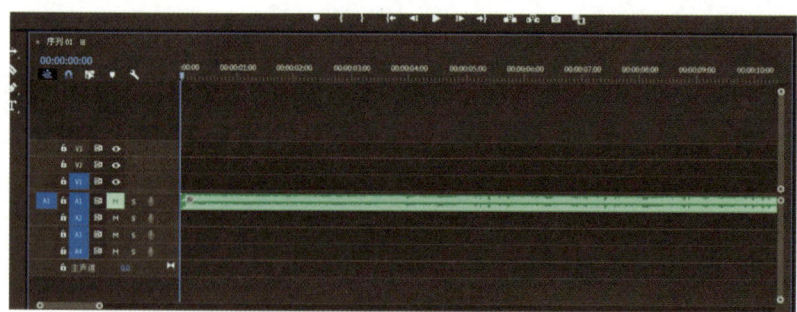

图 3-1-44 导入音频素材

②将"时间指示器"移动到 00:00:00:00 处,将素材"1.mp4"导入音频轨道"A2"轨道,如图 3-1-45 所示。

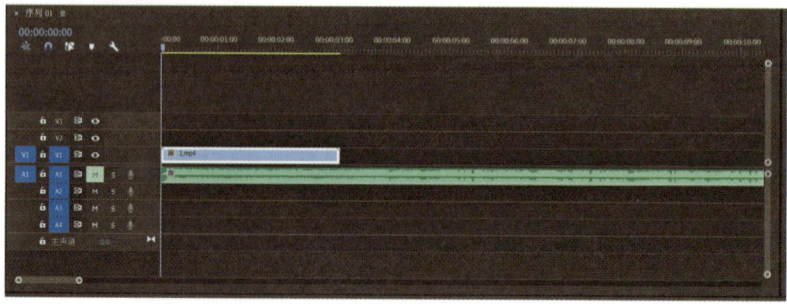

图 3-1-45 导入素材"1.mp4"

③将"时间指示器"移动到 00：00：00：05 处，双击"A2"音频轨道，展开音频素材的音波，按住"Ctrl"键，在音频素材的白色线上点一下，会出现一个关键帧，将时间指示器移动到 00：00：00：18 处，按住"Ctrl"键，在音频素材的白色线上点一下，会出现第二个关键帧，将此关键帧向下拉，就出现了"淡入"的效果，如图 3-1-46 所示。

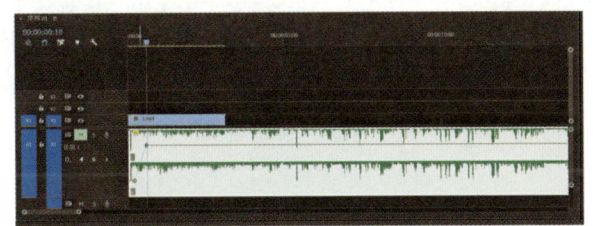

图 3-1-46　制作音频"淡入"效果

④将"时间指示器"移动到 00：00：03：04 处，导入素材"2.mp4"到 V1 轨道，点击鼠标右键选择"取消链接"，删除音频，如图 3-1-47 所示。

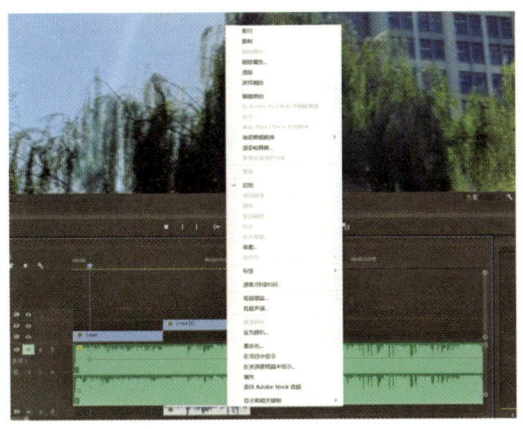

图 3-1-47　导入素材"2.mp4"

⑤将"时间指示器"移动到 00：00：22：21 处，导入素材"3.mp4"至素材"12.mp4"到 V1 轨道，全部选中并点击鼠标右键选择"取消链接"，删除音频，如图 3-1-48 所示。

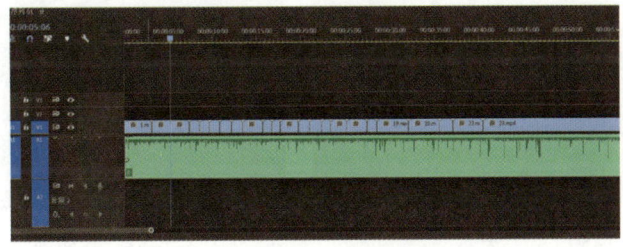

图 3-1-48　导入剩余素材

⑥预览一下视频，根据背景音乐和解说，调整镜头细节，选中"背景音乐"素材，选择"剃刀"工具将"背景音乐 .wav"素材切割，并删除后面的部分，如图 3-1-49 所示。

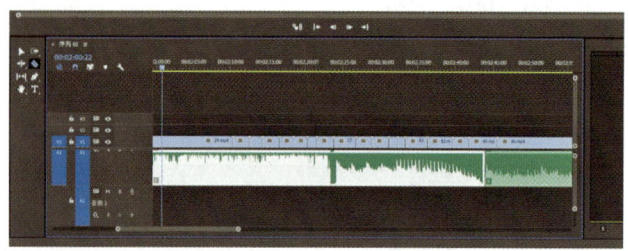

图 3-1-49　裁剪"背景音乐"的结尾

活动 4：利用 Adobe After Effects CC 软件制作包装

（1）制作荣誉证书展示

①新建项目，启动软件

打开 Adobe After Effects CC 软件，新建一个项目。

②制作视频背景

使用快捷键 Ctrl+N 新建合成，命名为"展示证书"，宽度设置为 1280px，高度设为 720px，帧速率为 25 帧 / 秒，持续时间为 0：00：05：00，如图 3-1-50 所示。

扫码观看操作流程

③新建纯色图层

在背景合成里使用快捷键 Ctrl+Y 新建一个纯色图层，颜色设置为白色，如图 3-1-51 所示。把素材"元素 _00000.png"缩放调整为 85％，放到纯色图层上面，如图 3-1-52 所示。

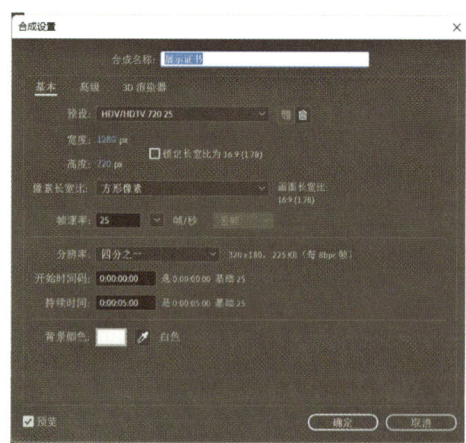

图 3-1-50　新建合成

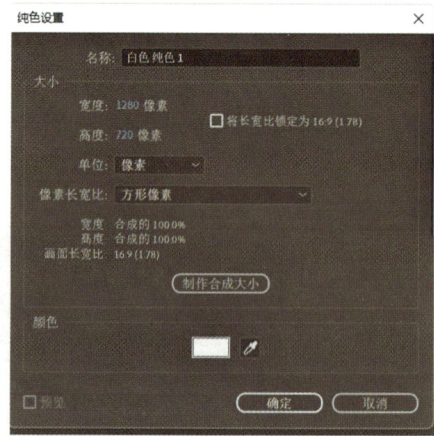

图 3-1-51　新建纯色图层

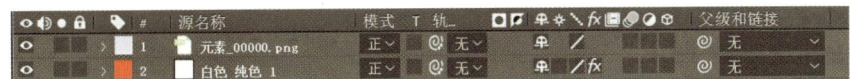

图 3-1-52　调整图层位置

④给纯色图层添加效果

打开"效果>生成>梯度渐变",将此效果拖到纯色图层上,打开效果控件,起始颜色设置为 #E2F1FA,如图 3-1-53 所示。结束颜色设置为 #C9E3F3,如图 3-1-54 所示。整个梯度渐变效果如图 3-1-55 所示。

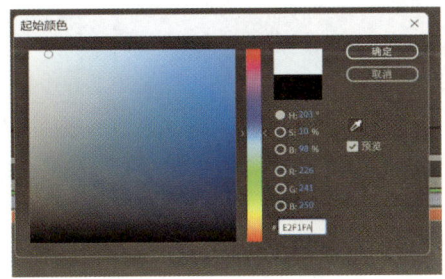

图 3-1-53　调整起始颜色

图 3-1-54　调整结束颜色

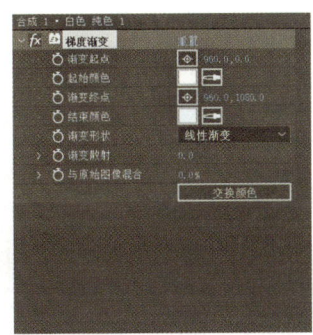

图 3-1-55　梯度渐变效果

⑤制作照片和照片框

新建一个合成,命名为"照片修改",在合成里新建形状图层,再选中形状图层,使用矩形工具画一个与合成大小相同的矩形,取消填充颜色,描边设置为白色,描边大小设置为 116,如图 3-1-56 所示。

图 3-1-56　调整形状、颜色

⑥给图片添加扫光效果

添加蒙版　使用快捷键"Crtl+Y"新建纯色图层,设置为白色,选中纯色图层,使用矩形工具添加两个蒙版,如图3-1-57所示。将蒙版1调整为相加,将蒙版2调整为相减(蒙版1和蒙版2取决于画的先后顺序)。

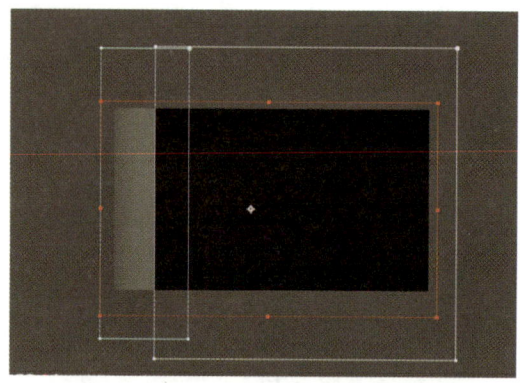

图 3-1-57　添加蒙版

给纯色图层添加位置表达式　将"时间指示器"移动到00：00：00：00处,将位置打上关键帧并调整为282.6,406.0,按住"Alt+"并用鼠标左键点击位置关键帧,添加表达式loopOutDuration(type = "cycle",duration = 0),如图3-1-58所示。调整"旋转"参数为14.0,"不透明度"为23.0,将"时间指示器"移动到00：00：03：00处,将位置调整为1916.6,706.0,把纯色图层放到形状图层下面,如图3-1-59所示。

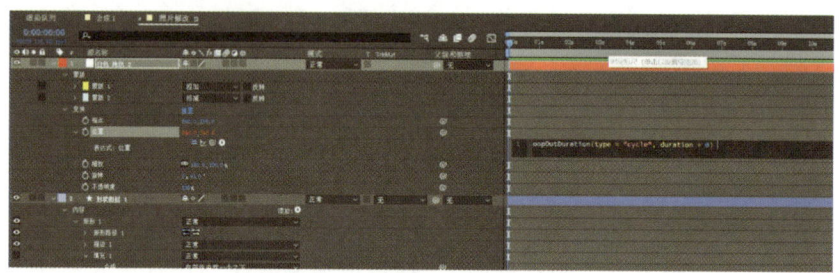

图 3-1-58　添加表达式

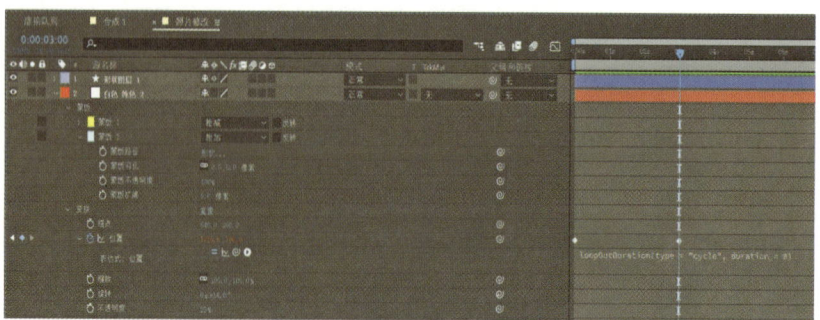

图 3-1-59　调整纯色参数

调整图片大小　把照片拖进合成，并将其调整为合适大小，如图 3-1-60 所示。

图 3-1-60　调整图片大小

⑦调整照片

新建合成，命名为"照片框"，把照片合成拖入此合成，缩放调整至 48，如图 3-1-61 所示。

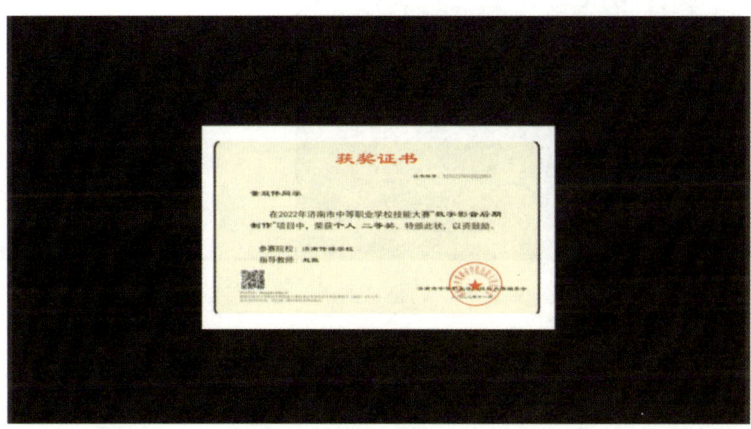

图 3-1-61　缩放证书大小

⑧复制合成

打开合成"展示证书"，把"照片框"合成拖到此合成的最上面，缩放后，调整为 90%，给"照片框"合成打开 3D 图层，使用快捷键"Ctrl+D"进行复制。

⑨给下面的照片框添加特效

点击"效果→生成→填充"，填充颜色设置为 #3B5D75，不透明度为 81%，再点击"效果→模糊和锐化→ CC Radial Fast Blur（After Effects 插件）"，将此效果添加给下面的照片框，并设置 Center：1617.6，-61.8，Amount：79，Zoom：Brightest，调整效果，如图 3-1-62 所示。

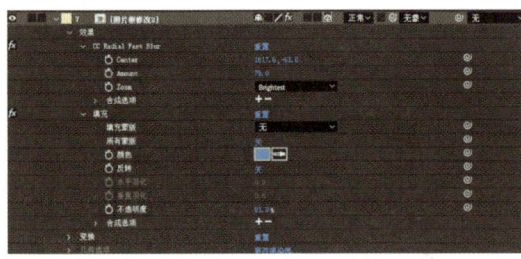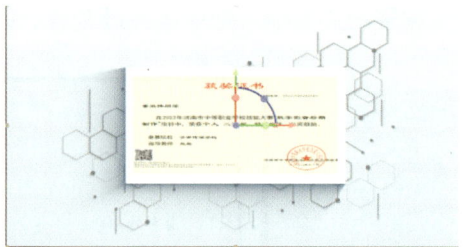

图 3-1-62　调整效果

⑩制作旋转的"盒子"

新建合成，命名为"盒子"，宽度和高度设置为 1000px，帧速率为 25 帧/秒，持续时间为 0：01：00：00，使用快捷键"Ctrl+Y"新建纯色图层，设置为白色，添加"效果→生成→梯度渐变"，将此效果添加到纯色图层，起始颜色设置为 #FFFFFF，结束颜色设置为 #6695CC，效果如图 3-1-63 所示。

图 3-1-63　调整"盒子"合成参数

⑪ 调整纯色图层

将纯色图层缩放调整为 50%，使用快捷键"Ctrl+D"复制 5 个，全选打开 3D 图层，调整纯色图层位置，如图 3-1-64 所示。调整纯色图层方向，如图 3-1-65 所示。

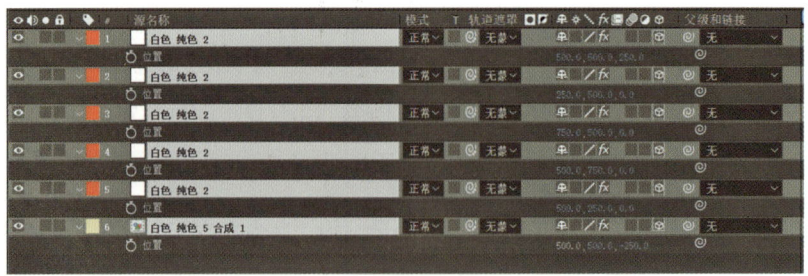

图 3-1-64　调整纯色图层位置

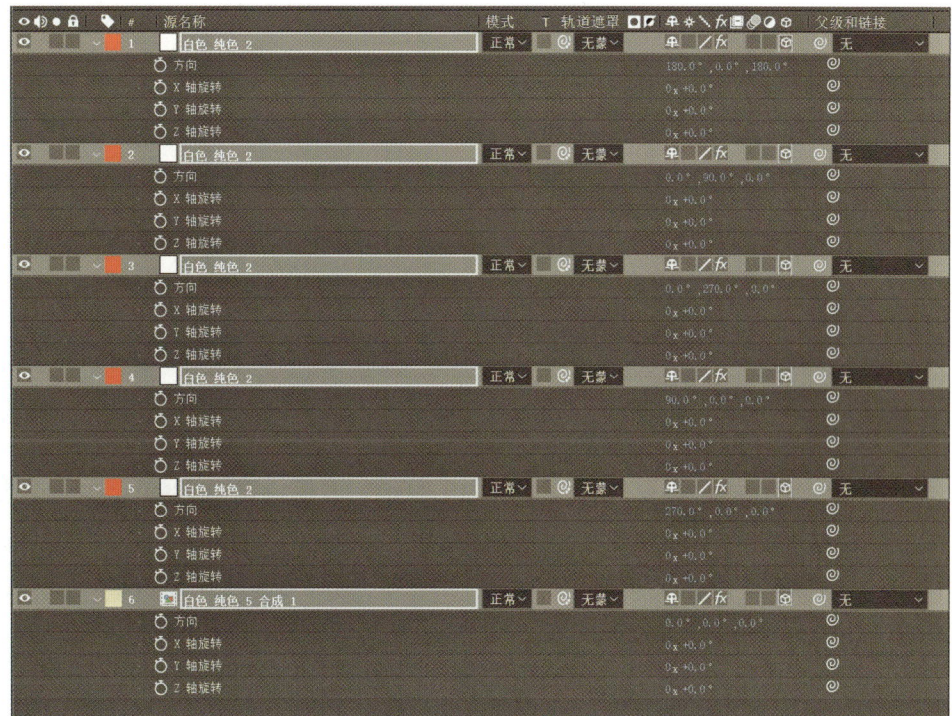

图 3-1-65 调整纯色图层方向

⑫ 给"盒子"添加表达式

将"盒子"合成拖到"展示证书"合成最上面，打开3D图层和折叠变换开关 ，按住"Alt+左键"，点击"Y轴旋转"，添加表达式"time*-20"，按住"Alt+左键"，点击Z轴旋转，添加表达式"time*20"，缩放参数设置为18.0%，使用"快捷键Ctrl+D"复制一个"盒子"，如图 3-1-66 所示。

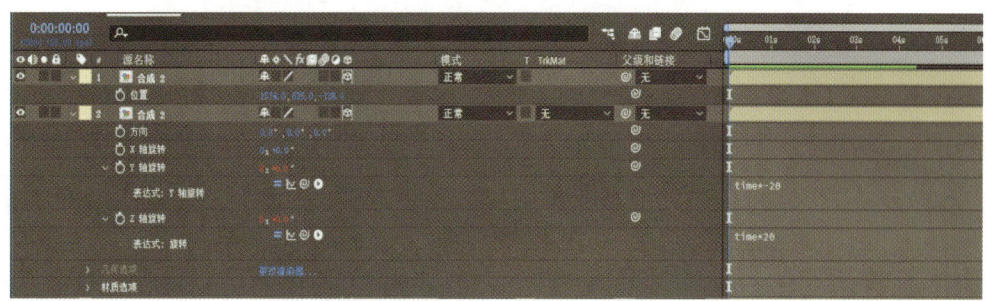

图 3-1-66 给"盒子"添加表达式

⑬ 调整"盒子"位置

把第一个"盒子"位置调整到111.0，201.8，232.0，第二个"盒子"位置调整到1044.0，201.8，232.0，如图 3-1-67 所示。所有的调整参数以实际情况为准。

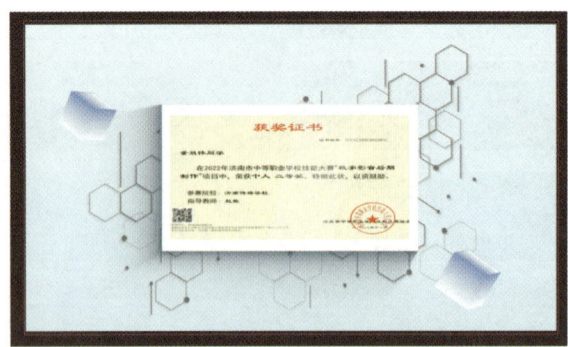

图 3-1-67 调整"盒子"位置

⑭ 制作字幕条

新建合成,命名为"文字",宽度设置为1280px,高度设置为720px,帧速率为25帧/秒,持续时间为8秒,将新建形状图层拖到0:00:00:15处,选中形状图层,画一个矩形,将形状路径大小调整为945.0,76.0,填充颜色为#244975,倾斜调整为18.0。

⑮ 给字幕条添加特效

点击"效果>过渡>线性擦除",将此效果添加到形状图层两次,将"时间指示器"移动到00:00:00:16处,打开"过渡完成",调整为49%,将"时间指示器"移动到00:00:02:00处,"过渡完成"调整为0%,线性擦除1的"擦除角度"调整为90,"羽化"调整为5,线性擦除2的"擦除角度"调整为270,"羽化"调整为0,如图3-1-68所示。

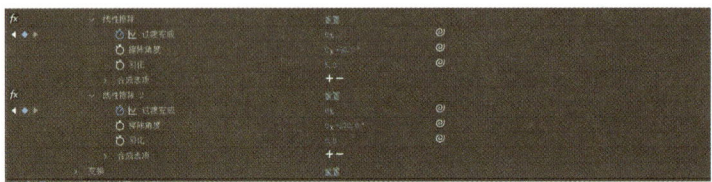

图 3-1-68 给字幕条添加特效

⑯ 添加字幕

使用文字工具输入两段文字,分别是"2022年"和"济南市:'影视后期'技能大赛二等奖",调整位置,如图3-1-69所示。

图 3-1-69 添加字幕

⑰ 添加文字动画

给"2022年"添加"动画→不透明度",将"时间指示器"移动到00:00:00:00处,给偏移打上关键帧,调整为0%,将"时间指示器"移动到00:00:02:00处,偏移调整为100%。不透明度调整为0%,给文字:"济南市:'影视后期'技能大赛二等奖"添加"动画→不透明度",将"时间指示器"移动到00:00:01:02处,给起始处打上关键帧,调整为0%,将"时间指示器"移动到00:00:02:15处,起始调整为100%,如图3-1-70所示。

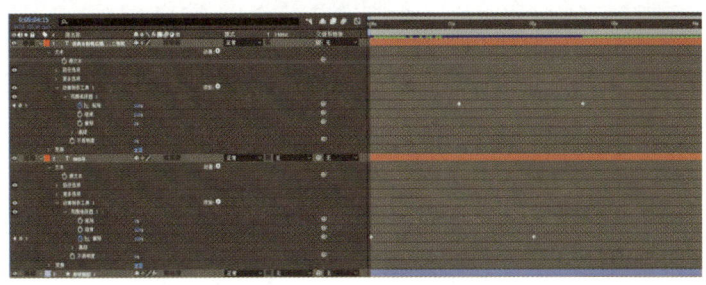

图3-1-70 添加文字动画

⑱ 添加模糊与锐化效果

打开合成"展示证书",把"文字合成"拖到此合成的最上面,打开3D图层,按"Ctrl+D"复制一个。给下面的文字添加效果,点击"效果→生成→填充",将此效果添加给下面的文字,填充颜色设置为#3B5D75,不透明度为81%,点击"效果→模糊和锐化→CC Radial Fast Blur",将此效果添加给下面的文字,调整Center参数为:1617.6,-61.8,调整Amount的参数为79,Zoom:Brightest,调整效果如图3-1-71所示(字幕条可根据情况调整位置)。

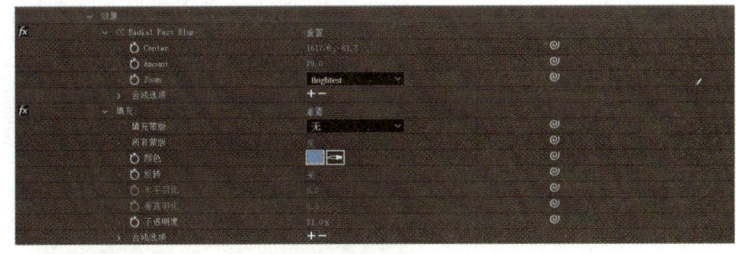

图3-1-71 添加模糊与锐化效果

⑲ 添加进场动画

选中除去背景的所有图层,如图3-1-72所示。将"时间指示器"移动到00:00:01:13处,给位置打上关键帧,再将"时间指示器"移动到00:00:00:00处,将图层移动到画面外,把00:00:00:00处的关键帧设置为缓入,把00:00:01:13处的关键帧设置为缓动,如图3-1-73所示。

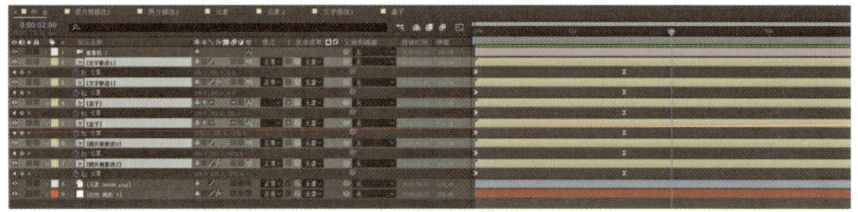

图 3-1-72 选中图层界面

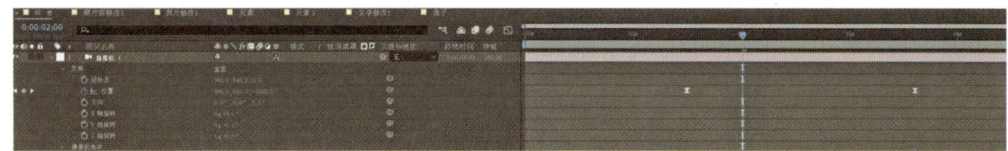

图 3-1-73 关键帧设置界面

⑳ 制作拉近动画

在时间线上右击鼠标,选择新建摄像机(保证摄像机下面的图层都打开三维开关),将"时间指示器"移动到 00:00:01:12 处,打上位置关键帧,将"时间指示器"移动到 00:00:03:15 处,将位置调整为 960.0,540.0,-1333.0,给摄像机的所有关键帧打上"缓动"效果,如图 3-1-74 所示。

图 3-1-74 摄像机关键帧设置界面

(2)添加姓名条

① 启动项目,新建序列

打开 Adobe Premiere Pro CC,使用快捷键"Ctrl+N"新建序列,命名为"字幕条",宽度调整为 1920,高度调整为 1080,时基为 25 帧 / 秒,如图 3-1-75 所示。

② 导入素材

将素材"合成 .mov"和"光效粒子 .mov"导入至时间轨道。

③ 制作字幕条

将素材"合成 .mov"拖至 V2 轨

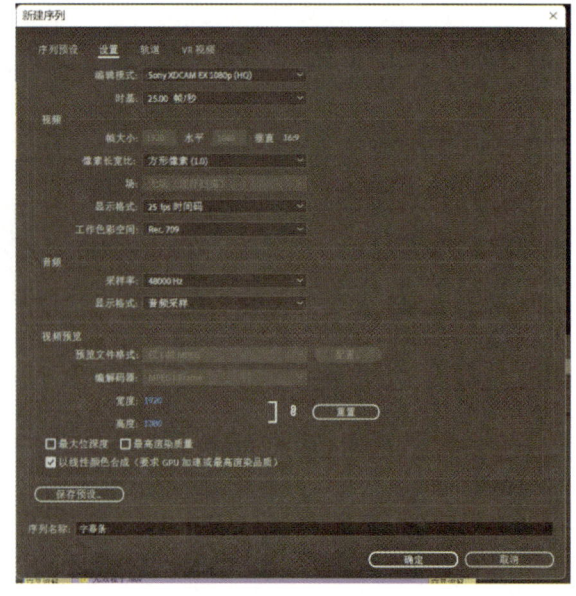

图 3-1-75 新建序列

道,将素材"光效粒子.mov"拖至 V3 轨道,V3 轨道"光效粒子.mov"的位置为 775.0,592.0,如图 3-1-76 所示。

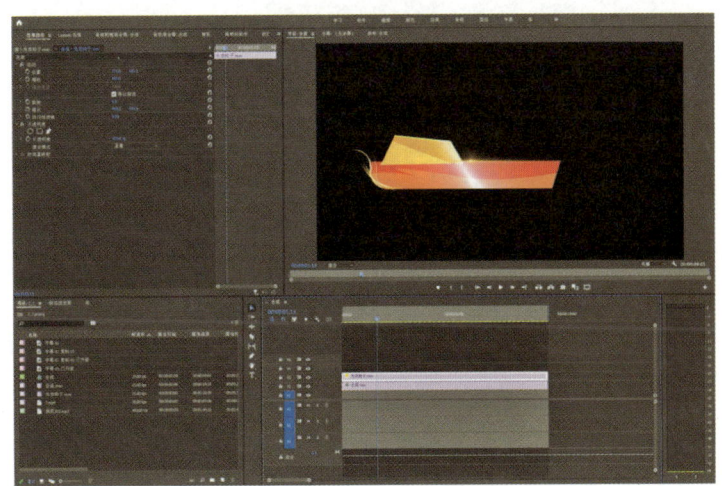

图 3-1-76　调整位置参数

④新建字幕文件

将"时间指示器"移动至 00:00:00:09 处,按住"Ctrl+T"新建文本图层,将文本图层尾端拖至 00:00:09:05 处,选中文本图层,使用文本工具添加文字内容。

⑤调整字幕属性

选中基本图形进行编辑,将第一行的字幕位置调整为 391.4,574.3,字号大小调整为 91.0,填充颜色调整为白色,添加阴影,如图 3-1-77 所示。将第二行的字幕位置调整为 360.3,675.9,字号大小调整为 49,填充颜色调整为线性渐变,左色标调整为 25%,颜色调整为 #FFFFFF,右色标调整为 75%,颜色调整为 #FEA228,添加阴影,如图 3-1-78 所示。

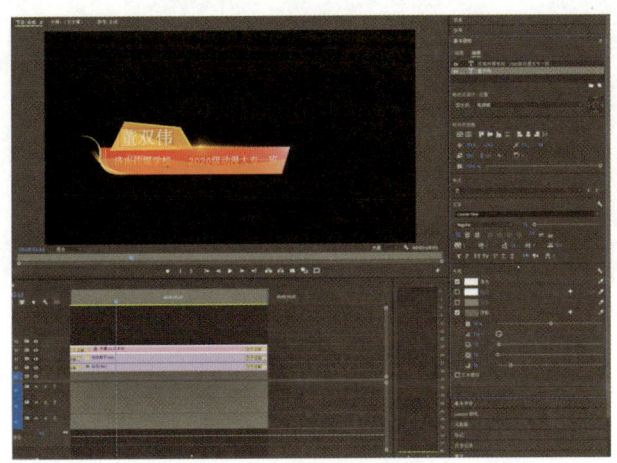

图 3-1-77　调整字幕属性

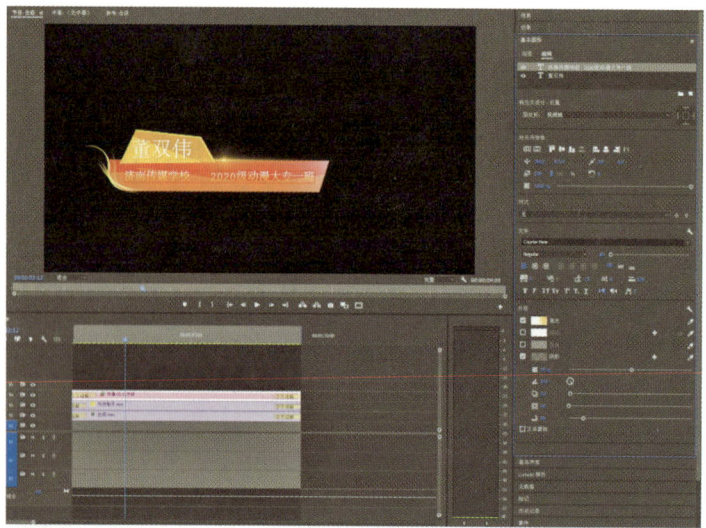

图 3-1-78 调整字幕属性

⑥给字幕添加动画效果

为所有图层的头和尾添加动画效果"交叉溶解",双击图层上面的"交叉溶解",调整持续时间为 1 秒,结果如图 3-1-79 所示。

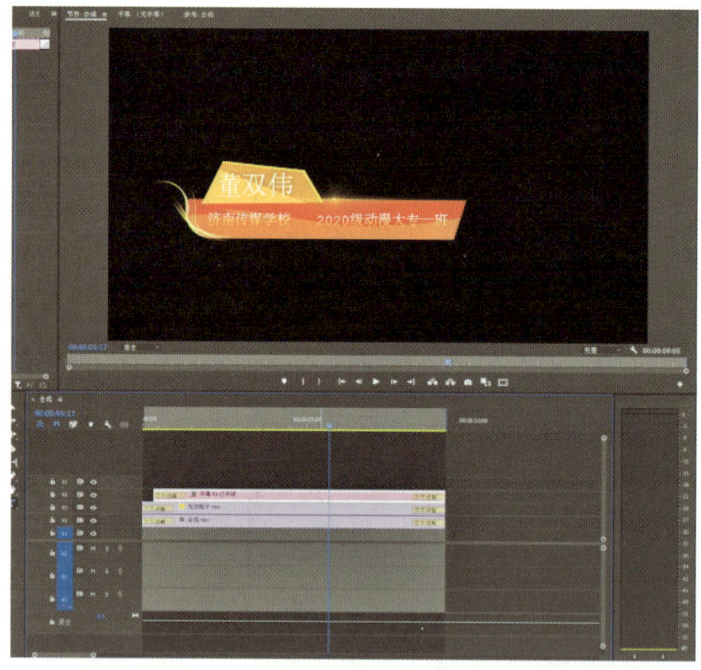

图 3-1-79 给字幕添加动画效果

⑦预览效果

预览整个姓名条的效果,无误后添加到成片上,如图 3-1-80 所示。

图 3-1-80　姓名条的效果

活动 5：利用剪映软件添加字幕

（1）启动软件，导入素材

点击"导入"，把生成的配音音频导入剪映，如图 3-1-81 所示。

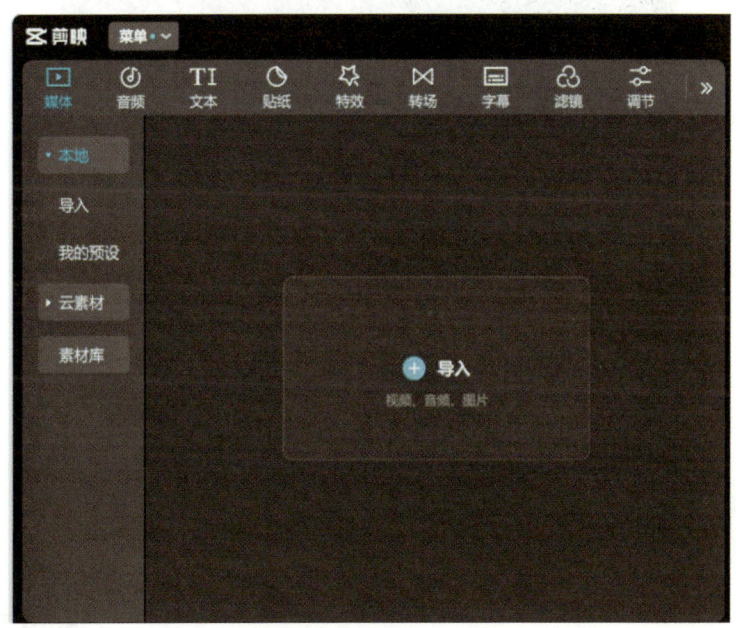

图 3-1-81　"导入"界面

（2）字幕识别

把配音音频拖至轨道中，选中配音音频，点击菜单栏中的"文本"，点击左侧的"智能字幕—识别字幕—开始识别"，如图 3-1-82 所示。

图 3-1-82　字幕识别

（3）导出字幕文件

在标题后一栏填上"字幕"，选择"字幕格式"，导出"SRT"（一种字幕格式）格式，如图 3-1-83 所示。

图 3-1-83　导出字幕文件

活动 6：制作片头和片尾

（1）启动软件，新建项目

使用快捷键"Ctrl+N"新建合成，命名为"片尾"，宽度调整为 1280px，高度调整为 720px，帧速率为 25 帧/秒，如图 3-1-84 所示。

扫码观看操作流程

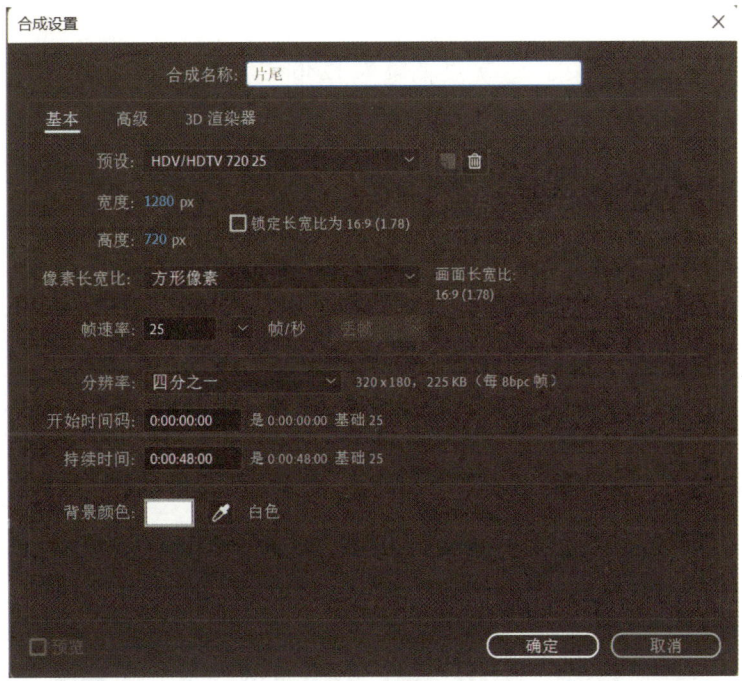

图 3-1-84 合成设置

（2）制作背景

将素材"65830.mp4"拖进"片尾"合成，在 0：00：00：00 处将缩放关键帧的参数调整为 67.0%，再将时间指示器移动到 0：00：10：00 处，将缩放调整为 83.0%，将素材"501608826.jpg"拖到素材"65830.mp4"上方，将缩放调整为 43.0%，选中素材"501608826.jpg"，使用矩形工具画一个蒙版，如图 3-1-85 所示。将蒙版调整为相加，羽化调整为 676，为素材"501608826.jpg"在 0：00：00：00 处打上缩放关键帧，调整为 43.0%，再将时间指示器移动到 0：00：10：00 处，将缩放调整为 63.0%。

图 3-1-85 蒙版形状

（3）制作文字

新建合成，命名为"文字"，宽度调整为1280px，高度调整为720px，帧速率为25帧/秒，持续时间为10秒，使用文本工具打出文字，并排列，如图3-1-86所示。将素材"401545103.PNG"拖到文字最下面，缩放大小调整为20.0%，选中并使用钢笔圈出左上角的鸟，如图3-1-87所示。给素材"401545103.PNG"添加"效果→颜色校正→三色调"，将高光、中间调、阴影全调整为白色，位置调整为437.0，372.0，缩放调整为17.4%，将素材"401248862.PNG"拖到图层最下面，添加"效果→颜色校正→三色调"，将高光、中间调、阴影全调整为白色，缩放调整为5.4%，位置调整为118.0，288.0，旋转调整为–102。（部分素材不带通道，可以选择效果和预设下的颜色键进行抠图。）

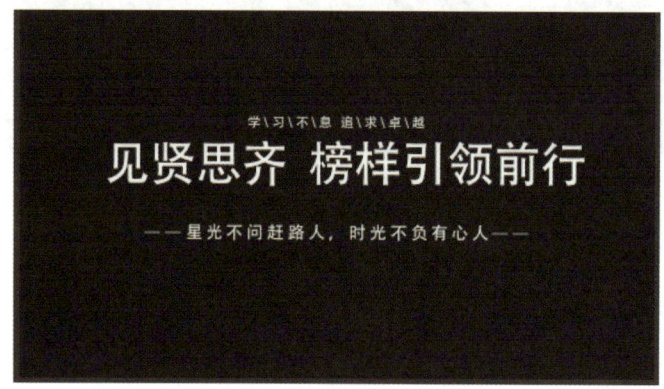

图3-1-86　文字排列效果

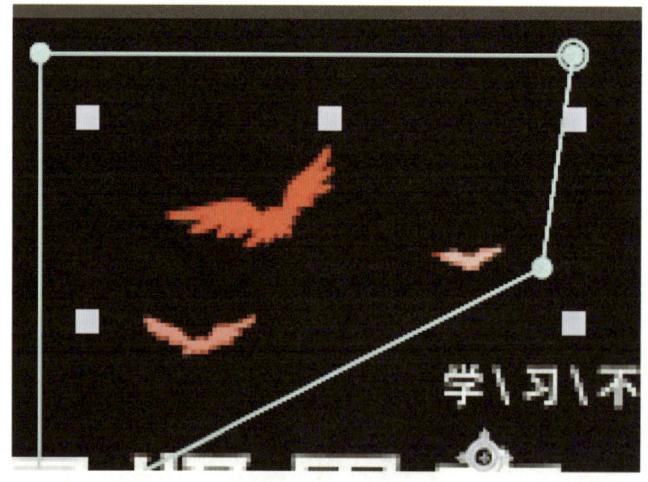

图3-1-87　蒙版

（4）为文字添加拉近动画

新建合成，命名为"文字动画"，宽度调整为1280px，高度调整为720px，帧速率为

25 帧 / 秒，持续时间为 12 秒，将文字图层拖入合成，打开缩放关键帧在 0：00：00：00 处，将缩放参数调整为 84.0%，在 0：00：02：11 处将缩放调整为 124.5%，在 0：00：10：00 处将缩放调整为 100.0%。之后，将合成"文字动画"拖至"片尾"合成最上面。

（5）制作文字出现动画

新建合成，命名为"噪波"，宽度调整为 1280px，高度调整为 720px，帧速率为 25 帧/秒，持续时间为 10 秒，使用快捷键"Ctrl+Y"新建纯色，调整为"黑色添加效果→杂色和颗粒→分形杂色"，对比度调整为 1996.0，在 0：00：00：00 处将亮度打上关键帧，调整为 –899，在 0：00：03：11 处调整为 915，复杂度调整为 6，给演化添加表达式，按"Alt+ 左键"，点击演化关键帧，添加表达式 time*70，效果设置如图 3-1-88 所示。

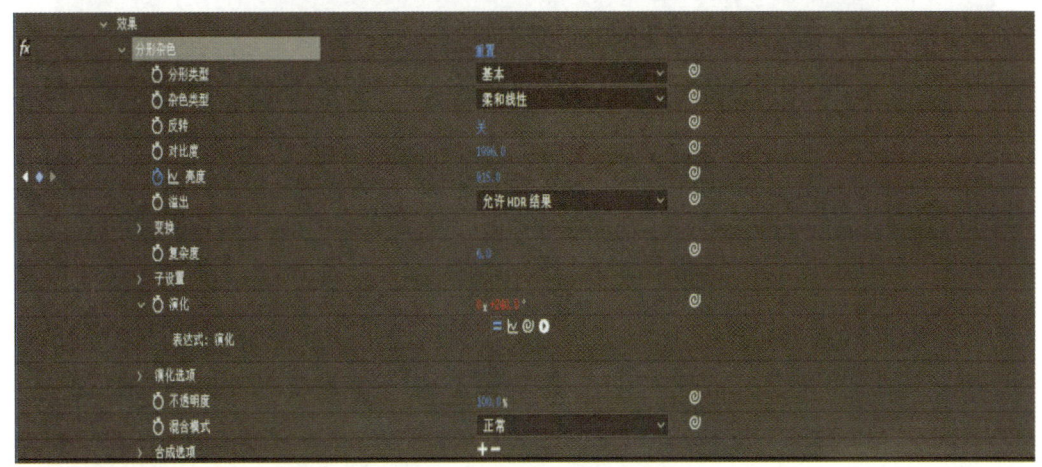

图 3-1-88　效果设置

（6）添加轨道遮罩

将"噪波"合成拖至"片尾"合成的最上面，将"文字动画"和"噪波"拖到 0：00：01：06 处，将"文字动画"的轨道遮罩调整为亮度遮罩，如图 3-1-89 所示。

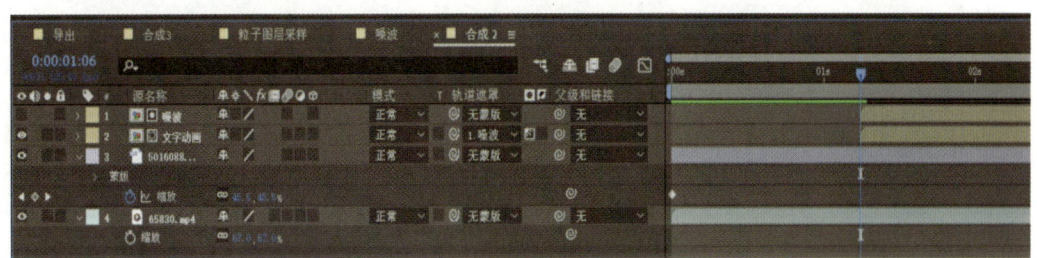

图 3-1-89　轨道遮罩

（7）添加镜头光晕

使用快捷键"Ctrl+Y"添加纯色图层，调整为黑色，添加"效果→ Video Copilot（Adobe After Effects 中广泛使用的插件）→ Optical Flares（光晕制作效果插件）"，为

Rotation Offset（可以设定旋转的初始偏移）添加表达式，图层模式改为相加（该效果需要添加插件，AE 原版没有该效果），效果设置如图 3-1-90 所示。

图 3-1-90　效果设置

（8）添加粒子动画

将素材"66070.MOV"拖入"片尾"合成的最上面（如果素材不是透明格式的，可以置于合成的最上层，调整混合模式为变亮），调整文字出场动画时间与粒子动画统一，预览效果，生出成片，如图 3-1-91 所示。

图 3-1-91　添加粒子动画

（9）片头制作

片头制作与以上步骤一致，可根据自己的想法更改背景。

知识链接

1. 视频剪辑常用技巧

剪辑技巧是视频后期制作中非常重要的一环，涉及对视频素材的创意处理和艺术表达，以增强视觉叙事、情感表达和提升观众的观看体验。以下是剪辑技巧中的一些关键组成部分。

（1）**节奏**：剪辑中镜头切换的速度和规律，影响视频的动感和观众的情绪反应。通过调整镜头的持续时间和切换点，可控制故事的节奏，营造紧张、舒缓或戏剧性的效果。在短视频制作比赛中，我们可以根据解说词所表达的不同情绪来调整最后片子的剪辑节奏，可以采用镜头速度快慢的反差、声音大小的反差、动势缓急的反差来控制影片的节奏。

（2）**特效**：包括在视频剪辑过程中添加的各种视觉特效，如过渡效果、色彩校正、图像合成、动画等。特效可用于增强视觉效果，使视频更具吸引力和专业感。在短视频制作比赛中，我们一般对片头和片尾，以及解说词中重要话语的展示采用包装效果，如图 3-1-92 所示。

图 3-1-92　包装效果

（3）**配乐**：配乐是指视频中的音乐和声音设计，包括背景音乐、主题音乐、音效等。合适的配乐能够增强情感表达，与视觉内容相辅相成，提升观众的沉浸感。例如，"2023 年全国职业院校技能大赛——短视频制作赛项规程（师生同赛）"第六套题中，如图 3-1-93 所示，根据解说词的内容，第二段出现大量的并列词语，这段可以选取快节奏的配乐，第三段是意味深长的家训，配乐节奏可以缓下来，选取轻柔的音乐，最后一段是情绪达到高潮的时候，可以采用昂扬淳厚的背景音乐。无论快与慢，我们都要根据解说词的主题统一风格，如这套题是讲传统文化的，我们可以采用中国风的配乐。

图 3-1-93　解说词示例

（4）**色彩校正**：调整视频的色彩平衡、对比度、饱和度等，可以创造特定的视觉风格或修复拍摄中的色彩问题，色彩校正也是表达情感和氛围的重要手段，如图 3-1-94 所示。

图 3-1-94　色彩校正

（5）**转场**：转场是镜头与镜头之间的过渡效果，既可以是简单的切镜头，也可以是复杂的动态效果。转场的设计需要符合视频的叙事逻辑和风格。在比赛中，一般一段解说词结束后会添加转场。

通过这些技术和创意手段，将原始视频素材转化为一个连贯、有吸引力的故事或展示，是视频制作中不可或缺的艺术创作过程。

2. 视频剪辑字幕的添加

短视频剪辑中字幕的作用和制作要求对于提升视频的可访问性、增强信息传递的准确性以及提升观众的观看体验至关重要。在短视频制作技能大赛中，字幕的添加有以下几个要求：

（1）准确性：字幕内容不得有错别字。

（2）同步性：字幕的出现和消失必须与语音完全同步，既不能超前也不能滞后。

（3）可读性：选择清晰易读的字体和大小，确保字幕在各种设备和观看环境下都易于阅读。

（4）对比度：字幕颜色应与背景形成鲜明对比，确保在不同光照条件下的可读性。

3. 视频剪辑成片效果的艺术升华

短视频制作是一个综合性很强的创作过程，不仅要求制作者具备一定的技术技能，还要求制作者具备创意思维和艺术感知。以下是对短视频制作成片整体效果方面的要求。

（1）思想性

①主题明确：短视频内容应围绕大赛给出的主题或信息展开，传达有深度的内容和观点。

②价值观引导：内容应符合社会主流价值观，能够启发思考，传递正能量。

③文化传承：尊重并融入文化元素，传承和弘扬优秀的文化遗产。

④社会责任感：制作内容应考虑对社会的影响，避免传播不实信息或负面内容。

（2）艺术性

①视觉美感：通过色彩、构图、光影等视觉元素，创造美观的画面。

②节奏感：通过剪辑节奏、音乐和动态效果，营造恰当的艺术氛围。

③叙事技巧：运用叙事手法，如象征、隐喻等，增强视频的表现力和感染力。

④风格统一：保持视频整体风格的一致性，包括色调、字体、动画等。

（3）衔接性

①流畅的剪辑：确保视频的转场自然流畅，镜头之间的衔接合理，无突兀感。

②逻辑清晰：视频的叙事逻辑要清晰，让观众容易理解。

③节奏协调：视频的节奏应与内容相匹配，保持整体的协调性。

④过渡效果：合理使用过渡效果，增强视频的连贯性和视觉吸引力。

（4）创新性

①创意内容：提供新颖的观点或独特的视角，避免陈词滥调。

②形式创新：尝试新的剪辑形式或叙事结构，如快切、跳切等。

在制作短视频时，平衡这些要求并不容易，但通过精心策划和创意执行，可以制作出既有深度又有吸引力的作品。

4. 中职技能大赛中的"短视频制作"的注意事项

根据赛项规程，大赛共分为"素材管理及策划书""制作短视频""制作反思"三个模块，其中，"制作短视频"模块所占分值最大。以下是我们在完成比赛时容易扣分的地方。

（1）素材管理及策划书

①内容完整性：框架的内容要素全面，符合制作要求。

②逻辑严谨性：逻辑清晰，易于理解，文字简明扼要，语言流畅，无错误表述。无错别字或语法错误。

③可行性和实用性：具有可行性，在实际操作中具有实用性、创新性，具有一定的创新精神，能够引起观众的共鸣。

（2）制作短视频

①注意在制作之前严格按照试题要求建立文件夹，并按要求命名。

②注意片头、片尾和主片的时长必须控制在规定的时长范围内。

③注意提供的素材如果有网站名称或者台词，要模糊处理或者裁剪掉。

④注意成片的尺寸和输出格式严格按照试题要求。

⑤注意解说词的内容与画面要吻合。

（3）制作反思

①试题中对字数会有要求，要严格控制在要求的范围内。

②试题中对文档的格式、字体样式都有具体的要求，要严格执行。

③注意审题，看清楚是反思短视频制作还是反思策划书，还是两者都要反思。

学习评价

1. 学习过程评价

班级：_____　姓名：_____　组别：_____

序号	考核指标	等级（权重）				自评 30%	小组评 30%	教师评 40%
		优秀	良好	合格	需努力			
1	实训过程中遇到疑难，能通过请教老师、同伴和互联网检索等途径自主学习	5	4	3	2			

续表

序号	考核指标	等级（权重）				自评 30%	小组评 30%	教师评 40%
		优秀	良好	合格	需努力			
2	具有团队协作意识，学会与他人分享、交流，共同提高短视频制作和运营水平	5	4	3	2			
3	有创新思维，敢于尝试新的短视频表现形式	5	4	3	2			
4	能合理制订工作计划，在规定时间内完成任务，时间控制合理	5	4	3	2			
5	能遵守实训室规章制度，不迟到、不早退	5	4	3	2			
6	能在交流中勇于发表意见、提出疑惑，乐于帮助他人学习	5	4	3	2			
7	具有责任心，对项目进度和质量负责	5	4	3	2			
各项总分：								
总　　分：								
我的自评：								
组内评语：								
教师评语：								

2. 理论考试（扫描二维码完成题目）

理论考试

3. 成果评价

班级：_____　　姓名：_____　　组别：_____

考核指标		等级（权重）				自评 20%	小组评 20%	教师评 30%	企业导师评 30%
		优秀	良好	合格	需努力				
主观评价	了解行业和大赛高效整理素材的方法	5	4	3	2				
	掌握短视频文案策划的方法，学会撰写分镜头脚本	5	4	3	2				
	了解字幕各种设计样式	5	4	3	2				
	学会使用 PR、AE、剪映，多软件联动进行短视频剪辑，掌握剪辑技巧	5	4	3	2				
	掌握数据复盘与优化方法，提高短视频质量和传播效果	5	4	3	2				
	具备分析同类短视频市场的能力，能够根据数据总结要点，为自身项目提供参考	5	4	3	2				
	能完成片头、片尾、字幕和包装的设计与动画	5	4	3	2				
	具备筛选和收集短视频素材的能力，能够根据原则选取合适的素材	5	4	3	2				
	能够根据片子节奏添加恰当的配乐和音效	5	4	3	2				
	具备数据分析和优化能力，能够根据数据反馈调整短视频策略，提升传播效果	5	4	3	2				
客观评价	文件命名符合规范	5	4	3	2				
	成片素材的选择和运用与主题相符	5	4	3	2				
	短视频风格统一、画面明暗统一、色调统一	5	4	3	2				
	片头、主片、片尾衔接自然	5	4	3	2				
	镜头画面和解说词立意鲜明，无与主题不一致的画面	5	4	3	2				
	视频有配乐，解说词音量适当清晰，与背景音乐协调	5	4	3	2				
	字幕清晰规范，文字正确、无错别字	5	4	3	2				
各项总分：									

续表

考核指标	等级（权重）				自评 20%	小组评 20%	教师评 30%	企业导师评 30%
	优秀	良好	合格	需努力				
总　分：								
我的自评：								
组内评语：								
教师评语：								

项目小结

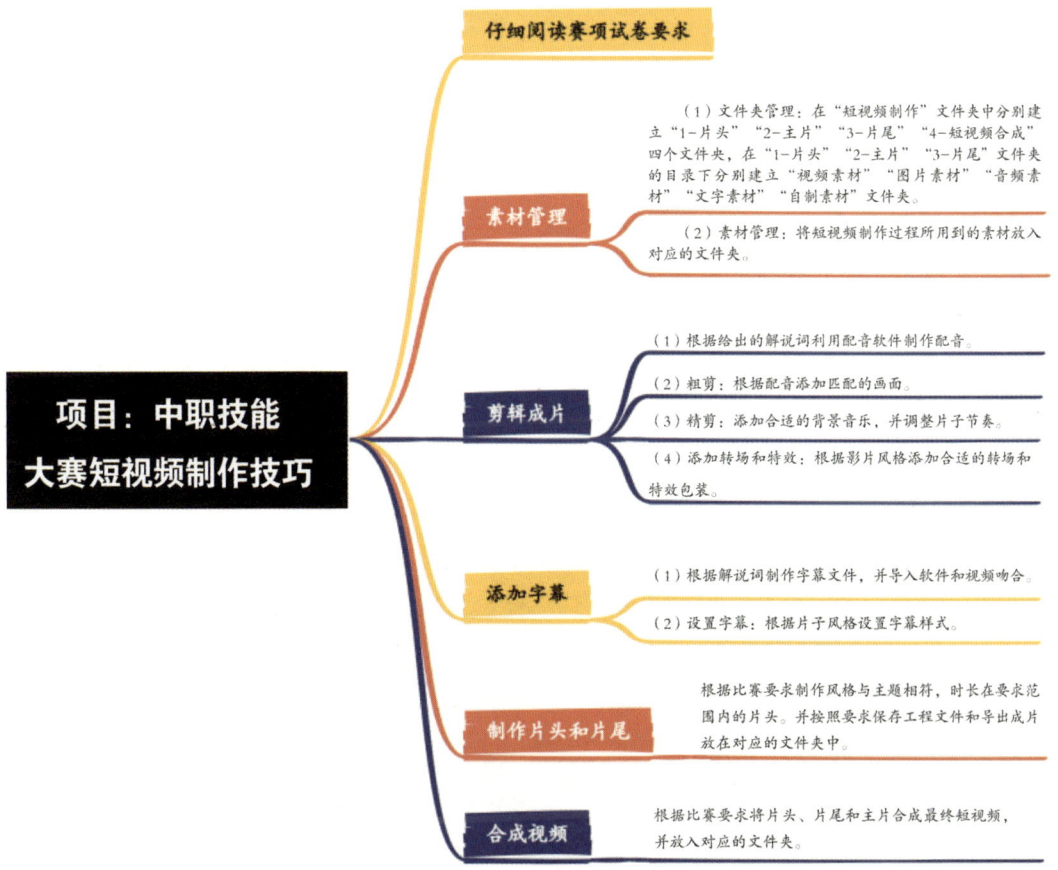

图 3-1-95　中职技能大赛短视频制作技巧的思维导图

🏆 **项目拓展练习**

➤ 制作以"校园工匠精神"为主题的短视频

请扫描二维码完成项目拓展练习。

项目拓展练习